과학공화국
지구법정

6
남극과 북극

과학공화국 지구법정 6
남극과 북극

ⓒ 정완상, 2007

초판 1쇄 발행일 | 2007년 7월 30일
초판 17쇄 발행일 | 2022년 12월 1일

지은이 | 정완상
펴낸이 | 정은영
펴낸곳 | (주)자음과모음

출판등록 | 2001년 11월 28일 제2001-000259호
주소 | 10881 경기도 파주시 회동길 325-20
전화 | 편집부 (02)324-2347, 경영지원부 (02)325-6047
팩스 | 편집부 (02)324-2348, 경영지원부 (02)2648-1311
e-mail | jamoteen@jamobook.com

ISBN 978-89-544-1475-3 (04450)

과학공화국
지구법정

6
남극과 북극

정완상(국립 경상대학교 교수) 지음

㈜자음과모음

생활 속에서 배우는 기상천외한 과학 수업

처음 법정 원고를 들고 출판사를 찾았던 때가 새삼스럽게 생각납니다. 당초 이렇게까지 장편 시리즈로 될 거라고는 상상도 못하고 단 한 권만이라도 생활 속의 과학 이야기를 재미있게 담은 책을 낼 수 있었으면 하는 마음이었습니다. 그런 소박한 마음에서 출발한 '과학공화국 법정 시리즈'는 과목별 10편까지 총 50권이라는 방대한 분량으로 제작되었습니다.

과학공화국! 물론 제가 만든 단어이긴 하지만 과학을 전공하고 과학을 사랑하는 한 사람으로서 너무나 멋진 이름입니다. 그리고 저는 이 공화국에서 벌어지는 많은 황당 사건들을 과학의 여러 분야와 연결시키는 노력을 하였습니다.

매번 에피소드를 만들어 내려다 보니 머리에 쥐가 날 때도 한두 번이 아니었고 워낙 출판 일정이 빡빡하게 진행되는 관계로 이 시리즈를 집필하면서 솔직히 너무 힘들어, 적당한 권수에서 원고를 마칠까 하는 마음이 굴뚝같았습니다. 하지만 출판사에서는 이왕 시작한 시리즈이므로 각 과목에서 10편까지 총 50권으로 완성을 하자고 했고 저는 그 제안을 수락하게 되었습니다.

하지만 보람은 있었습니다. 교과서 속 과학을 생활 속의 에피소드에 녹여 저 나름대로 재판을 하는 과정은 마치 제가 과학의 신이 된 듯 뿌듯하기도 했고, 상상의 나라인 과학공화국에서 즐거운 상상들을 마음껏 펼칠 수 있어서 좋았습니다.

과학공화국 시리즈 덕분에 저는 많은 초등학생과 학부모님들을 만나서 이야기를 나누었습니다. 그리고 그분들이 이 책을 재밌게 읽어 주고 과학을 점점 좋아하게 되는 모습을 지켜보며 좀 더 좋은 원고를 쓰고자 더욱 노력했습니다.

이 책을 내도록 용기와 격려를 준 (주)자음과모음의 강병철 사장님과 빡빡한 일정에도 불구하고 좋은 시리즈를 만들기 위해서 함께 노력해 준 자음과모음 출판사의 모든 식구들, 그리고 함께 진주에서 작업을 도와준 과학 창작 동아리 'SCICOM'의 식구들에게 감사드립니다.

진주에서

정완상

목차

판사

지치 변호사

어쓰 변호사

지구법정의 탄생

'과학공화국'이라고 부르는 나라가 있었다. 이 나라에는 과학을 좋아하는 사람들이 모여 살았다. 인근에는 음악을 사랑하는 사람들이 살고 있는 뮤지오왕국과 미술을 사랑하는 사람들이 사는 아티오왕국 그리고 공업을 장려하는 공업공화국 등 여러 나라가 있었다.

과학공화국에 사는 사람들은 다른 나라 사람들에 비해 과학을 좋아했다. 어떤 사람은 물리를 좋아했고, 또 다른 사람은 수학을 좋아했다. 그리고 지구과학을 좋아하는 사람도 있었다.

지구과학은 사람들이 살고 있는 행성인 지구의 신비를 벗기는 학문이다. 그러나 과학공화국의 명성에 걸맞지 않게 국민들은 다른 과학 분야 중에서도 유독 지구과학만은 잘하지 못했다. 그리하여 지구에 관한 시험을 치르면 과학공화국 아이들보다 오히려 지리공화국 아이들의 점수가 더 높을 정도였다.

특히 최근에는 인터넷이 공화국 전역에 급속히 퍼지면서 게임에 중독된 과학공화국 아이들의 과학 실력은 기준 이하로 떨어졌다. 그러다 보니 자연 과학 과외나 학원이 성행하게 되었고, 그런 와중에 아이들에게 엉터리 과학을 가르치는 무자격 교사들도 우후죽순 나타나기 시작했다.

지구에서 살다 보면 지구과학과 관련한 여러 가지 문제에 부딪히게 되는데, 과학공화국 국민들의 지구과학에 대한 이해가 떨어져 곳곳에서 이로 인한 분쟁이 끊이지 않았다. 그리하여 과학공화국의 박과학 대통령은 장관들과 이 문제를 논의하기 위해 회의를 열었다.

"최근 들어 잦아진 지구과학 분쟁을 어떻게 처리하면 좋겠소."

대통령이 힘없이 말을 꺼냈다.

"헌법에 지구과학 부분을 좀 추가하면 어떨까요?"

법무부 장관이 자신 있게 말했다.

"좀 약하지 않을까?"

대통령이 못마땅한 듯이 대답했다.

"그럼 지구과학의 문제만을 전문적으로 다루는 새로운 법정을 만들면 어떨까요?"

지구부 장관이 말했다.

"바로 그거야. 과학공화국답게 그런 법정이 있어야지. 그래! 지구법정을 만들면 되는 거야. 그리고 그 법정에서 다룬 판례들을 신문에 게재하면 사람들이 더 이상 다투지 않고 자신의 잘못을 인정할 수 있을 거야."

대통령은 입을 환하게 벌리고 흡족해했다.

"그럼 국회에서 새로운 지구과학법을 만들어야 하지 않습니까?"

법무부 장관이 약간 불만족스러운 듯한 표정으로 말했다.

"지구과학은 우리가 사는 지구와 태양계의 주변 행성에서 일어나는 자연 현상입니다. 따라서 누가 관찰하든 같은 현상에 대해서는 같은 해석이 나오는 것이 지구과학입니다. 그러므로 지구과학 법정에서는 새로운 법을 만들 필요가 없습니다. 혹시 다른 은하에 대한 재판이라면 모를까……."

지구부 장관이 법무부 장관의 말을 반박했다.

"그래, 맞아."

대통령은 지구법정을 건립하기로 결정하였고, 이렇게 해서 과학 공화국에는 지구과학과 관련된 문제를 판결하는 지구법정이 만들어졌다. 초대 지구법정의 판사는 지구과학에 대한 책을 많이 쓴 지구짱 박사가 맡게 되었다. 그리고 두 명의 변호사를 선발했는데, 한 사람은 지구과학과를 졸업했지만 지구과학을 그리 잘 알지 못하는 '지치' 라는 이름을 가진 40대였고, 다른 한 변호사는 어릴 때부터 지구과학 경시대회에서 대상을 놓치지 않았던 지구과학 천재인 '어쓰' 였다.

이렇게 해서 과학공화국 사람들 사이에서 벌어지는 지구과학과 관련된 많은 사건들을 지구법정의 판결을 통해 깨끗하게 해결할 수 있었다.

남극에 관한 사건

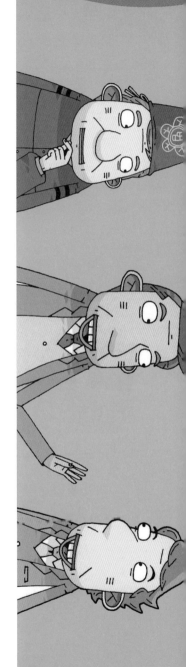

남극석이 보석인가요?

아름답게 반짝이는 광물은 모두 보석이라고 할 수 있을까요?

아이스주얼리 팀은 다섯 명의 박사들로 구성된 남극 광물팀이다. 팀장은 유별난 박사였다. 유박사의 꿈은 어디에서도 발굴되지 않는 남극만의 아름다운 보석을 발견하는 것이었다. 벌써 10년이 넘게 남극에서 거주하며 광물을 찾아다녔다.

"유 박사님, 죄송합니다. 저는 더 이상 남극에 머무르고 싶지 않습니다."

"정 박사…… 결국 자네도 떠나는군. 알았네. 지구공화국으로 돌아가게."

10년 동안 그의 밑에서 일하던 수십 명의 박사들이 남극을 떠나갔다. 이제 남은 사람은 유 박사와 그의 조교 김 박사였다. 정 박사가 떠나고 두 사람이 실험실에 남았다. 유별난 박사는 긴 의자에 기대어 앉아 창밖을 바라보았다.

　"박사님."

　"자네도 내 곁을 떠날 건가? 그래…… 가고 싶으면 언제든지 떠나게."

　"아닙니다. 전 10년 동안 박사님 밑에서 일해 왔습니다. 박사님의 꿈인 유일한 보석을 찾기 전에는 떠나지 않겠습니다."

　김 박사는 꽤 의리가 있는 사람이었다. 묵묵히 일만 해오며 유 박사의 옆에서 좋은 친구가 되어 주었다.

　"김 박사! 우리 나가서 바람이나 쐬고 옵시다."

　"네."

　기분을 전환할 필요가 있었다. 두 사람은 말없이 걷기만 했다.

　"나를 떠난 수십 명의 박사들이 뒤를 돌아서면서 내게 무슨 말을 했는지 자네 알고 있나?"

　"아니요."

　"나에게 정신을 차리라고 하더군. 이 남극에서 아름다운 보석을 발견하는 것은 사막의 신기루를 좇는 것과 같다고…… 자네도 그렇게 생각하나?"

　"아닙니다."

"하긴 자네도 나와 같이 미쳤으니 내 옆에서 10년이 넘게 붙어 있겠지. 허허허!"

"박사님도 참…… 허허허!"

차가운 남극 땅에 이제 두 박사만 남겨진 것이다. 유 박사는 결단을 내릴 때가 왔다고 생각했다.

"김 박사! 일 주일 안에 보석을 찾지 못한다면 그만 지구공화국으로 돌아갑시다."

"박사님……."

"신기루를 너무 좇다 보면 미치광이가 될지도 모르잖소. 허허!"

유 박사도 이제는 늙은 것 같았다. 강한 정신력과 끈기 하나로 버텼던 그가 이런 약한 소리를 한 것은 이번이 처음이었다. 다음 날 두 사람은 장비를 챙겨 광물을 찾기 시작했다. 매일 그렇듯이 아무런 수확 없이 동상이 걸릴 듯한 발만 동동 구르다가 돌아왔다. 그렇게 며칠을 보내고 지구공화국으로 돌아가기 전 날, 그들은 또 남극의 허허 벌판을 나섰다.

"우리의 마지막 탐사가 시작되었군. 허허허……."

"박사님……."

유 박사는 의식적으로 웃기 시작했다. 힘없는 그 웃음소리는 울음소리보다 더 서글프게 들렸다. 두 사람이 마지막으로 힘을 내어 눈에 불을 켜고 찾아다니기 시작했다. 유 박사의 눈에 노란 빛을 내는 무언가가 보인 것은 한참을 걸어갔을 때였다.

"김 박사! 이리와 보게!"

"네!"

"저기…… 저 영롱한 빛을 내는 것이……."

유 박사가 손가락으로 가리키는 곳을 바라보자 정말 빛을 내는 무언가가 반짝거렸다. 두 사람은 조심스럽게 그것을 캐내었다.

"박사님! 드디어 남극의 보석을 찾았습니다."

"그…… 그래. 드, 드……디어……."

유 박사는 말까지 더듬으며 감격의 눈물을 흘렸다. 10년이 넘게 외로운 이 남극 땅에서 수백, 수천 번의 좌절과 때로는 남들의 따가운 시선을 받으며 드디어 빛나는 보석을 찾아낸 것이다. 두 사람은 다음 날 당당히 공항에 들어섰다. 그들의 소식은 이미 학회에 보고가 되어 수많은 기자들이 카메라를 들고 기다리고 있었다. 두 사람의 모습이 나타나자 수십 대의 카메라 플래시가 터지기 시작했다.

"박사님! SBC방송국의 주 기자입니다. 먼저 축하드립니다. 10년이 넘게 남극에서 보석을 찾아다니셨다고 하는데 지금 기분이 어떠십니까?"

"이 지구공화국도 겨울이군요. 하지만 남극에 비하면 아주 따뜻한 거죠. 하하하! 기자 양반, 기분이요? 말로 다 설명할 수 없을 정도입니다. 보석의 빛보다도 더 황홀한 심정이지요."

"그 보석 이름이 대체 뭡니까? 볼 수 있을까요?"

"음…… 남극석입니다. 그 외에 자세한 것은 기자 회견장에서 하겠소."

기자들 틈을 헤치고 나와 미리 준비된 리무진에 올라탔다. 멋진 차는 학회에서 준비한 환영과 축하의 표시였다. 기자 회견이 열리는 호텔 입구에도 많은 기자들이 나와 있었다.

"박사님, 이렇게 많은 기자는 처음 봅니다."

"그러게, 나를 괄시하고 무시하던 사람들이 여기에 다 모여 있겠군. 자, 내립시다."

기자 회견장에는 각계각층의 사람들이 모여 보석을 눈이 빠져라 기다리고 있었다. 보석은 기자 회견장 가운데 마련되어 있는 유리로 된 금고에 진열될 예정이었다.

"여러분! 저는 지난 10년간 이 남극석을 발견하기 위해 피눈물 나는 고통의 세월을 보냈습니다. 하지만 제 곁에서 늘 저를 도와 주는 친구가 있었기에 견딜 수 있었습니다. 김 박사, 정말 고맙소. 자네가 없었다면 나도 견디지 못하고 벌써 이곳에 돌아왔을 것이오."

"아닙니다. 저야말로 훌륭한 박사님 밑에서 일했다는 것이 영광입니다. 감사합니다. 또 축하드립니다."

두 사람은 그동안의 설움과 고생을 모두 털어 버렸다. 드디어 사람들 앞에 영롱한 빛깔의 남극석이 모습을 드러내었다.

"바로 이것입니다."

사람들은 박사의 손 위에 있는 보석을 보기 위해 앞으로 몰려들었다. 너무 많은 인파였기에 자칫하면 사고로 이어질 수 있는 상황이었다.

"박사님! 그 보석을 진열함에 넣어 주시면 관람하는 데 좋을 것 같습니다. 부탁드립니다."

"부탁해요!"

박사는 잠시 머뭇거리다가 고개를 끄덕거렸다. 행사의 도우미가 하얀 장갑을 끼고 보석을 받아 들었다. 그리고 가운데에 있는 유리관으로 걸어갔다. 그런데 그만 입고 있던 치맛자락을 밟아 자리에서 붕 떠 넘어졌다.

"아이쿠!"

보석은 하늘로 날아갔고 하필이면 기자 회견장 한 편에 마련되어 있던 난로 위에 떨어졌다.

"으악!"

사람들과 박사는 경악을 금치 못했다. 난로 위에 떨어진 영롱한 남극석은 그만 노란 빛을 내며 타버렸다. 순식간에 눈앞에서 사라진 것이다. 순간 기자 회견장에 냉기가 감돌았고 모인 사람들은 웅성거리기 시작했다.

"저게 무슨 보석이야? 쳇!"

"우리 다 속은 거야?"

"보석이 왜 불에 타서 사라져?"

유 박사는 사람들의 소리가 귀에 들리자 자리에서 벌떡 일어났다.

"이보시오! 나의 소중한 남극석을 모함하다니! 비록 노란빛을 내며 사라졌지만 분명 그것은 세상 어디에서도 찾아볼 수 없는 남극석이오! 보석이 아니라니! 당신들 모두 다 지구법정에 고소하겠어!"

유 박사는 흥분하여 기자 회견장을 박차고 나왔다. 김 박사도 따라 나와 함께 지구법정으로 가서 보석을 모욕한 사람들을 고소하였다.

남극석은 드라이 밸리의 낮은 기온과 건조한 기후에 의해 만들어집니다.
아름답게 빛나는 진귀한 광물이지만 염화나트륨 결정으로 이루어져 있어서
보석처럼 견고하지는 않습니다.

남극석이 보석일까요?
지구법정에서 알아봅시다.

 판결을 시작하겠습니다. 남극석이 타버렸
다니 정말 유감이군요. 어떻게 보석이 탈
수 있으며 정말 보석인지 등의 많은 판결
을 내려야 하는 사건이군요. 원고측 변론하세요.

 유 박사님과 김 박사님이 남극에서 가지고 오신 남극석은 다
이아몬드와 같은 영롱한 빛을 띠는 아름다운 광석으로 결정체
도 뚜렷이 확인되는 보석입니다. 비록 불에 타서 없어졌지만
보석으로 인정하지 않는 것은 용납할 수 없습니다. 고소를 한
이유는 남극석이 보석이라는 것을 꼭 인정받기 위해서입니다.

 그럼 어떻게 보석이 불에 탈 수 있는 겁니까?

 보석은 꼭 불에 타지 않아야 한다는 고정관념이신가요?

 보석이라면 그만한 가치가 있어야 하는데 결정이 뚜렷하고 견
고한 보석이 그렇게 쉽게 불에 타는 게 이상한 것 아닌가요?

 고정관념을 버리라니까요. 판사님, 구식이군요. 하하!

 거기에 구식이란 말이 왜 나오는 겁니까? 아무튼 대책 없이 엉
뚱한 변론을 하는군요. 피고측 변론을 들어 보고 판단하지요.

 판사님 말씀처럼 남극석이 보석이라면 굉장히 단단해서 쉽게

과학공화국
지구법정 6

부서지거나 타버릴 일은 없겠지요. 남극석은 광물이긴 하지만 보석은 아닙니다.

 남극석이 보석이 아니라는 증거는 있습니까?

 물론 있습니다. 남극석이 왜 보석이 아니며 어떤 광물인지에 대해 말씀해 주실 분이 이 자리에 오셨습니다. 광물연구학회의 학회장을 맡고 계신 황금옥 님을 증인으로 요청합니다.

 증인 요청을 인정합니다.

번쩍번쩍 빛나는 황금 브로치가 달린 코트를 입은 50대 초반의 여성이 10개의 손가락에 다이아몬드, 블루사파이어, 루비 등 각양각색의 보석을 끼고 법정으로 들어왔다.

 남극에서 오신 광물 박사님들이 가져오신 남극석이 보석이 맞습니까?

 아쉽게도 보석은 아닙니다.

 남극석이 보석이 아니라면 남극석의 결정은 무엇으로 이루어진 겁니까?

 네모나고 길쭉한 남극석은 다이아몬드처럼 영롱하게 빛나지만 그 결정은 염화나트륨입니다. 소금을 구성하는 성분이지요.

 소금 결정이라고요? 그럼 남극석은 어디서 어떻게 만들어진 건가요?

남극에는 눈이 없이 바위와 모래로만 뒤덮인 지대가 있습니다. 건조한 골짜기라는 뜻에서 드라이 밸리라고 하지요. 드라이 밸리에는 반다호라는 호수가 있는데 수면은 두께가 3m나 되는 얼음으로 덮여 있지만, 깊이 60m 지점은 수온이 25℃나 되는 신기한 호수지요.

남극에도 눈이 없는 지대가 있군요. 그럼 반다호에 남극석이 있습니까?

반다호의 상류에는 돈환 연못이라는 작은 호수가 있는데, 이 호수의 물속에서 남극석이라는 광석이 발견되었습니다. 남극의 낮은 기온과 드라이 밸리의 건조한 기후가 만들어 낸 광물로서 남극 이외의 장소에서는 잘 발견되지 않고 있습니다.

구하기 힘든 신기한 광물이군요. 그렇지만 소금 결정이라니 보석이라고 할 수 없겠군요. 남극에서 10년 동안이나 고생하고 돌아온 광물팀 박사님들은 실망하셨겠습니다.

남극석이 광물에 해당된다고 하니 조금은 아쉬운 마음이 드는군요. 남극에서 최초로 보석이 발견되었다는 소식을 전할 뻔했는데…… 하지만 이미 타버려서 사라졌으니 한편으로는 보석이 아닌 게 속이 덜 상할 수도 있겠습니다. 다음에 더 좋은 광물이나 보석을 채취할 거라는 희망을 가지고 오늘 재판은 이것으로 마치겠습니다.

재판 후 남극석이 보석이 아닌 것을 알게 된 유 박사는 좌절했다. 하지만 김 박사와 기자 회견에 참석했던 많은 사람들로부터 언젠가는 꼭 남극에서 보석을 찾을 수 있을 거라는 위로를 받았다. 그로 인해 다시 희망을 갖게 된 유 박사는 김 박사와 함께 또다시 남극으로 향했다.

 드라이 밸리

남극의 사막인 드라이 밸리는 아프리카 사하라 사막보다도 강수량이 적으며 또한 800년 동안 눈이 쌓인 적이 없습니다. 이 지역은 산맥으로 가로막혀 있어 빙하가 들어올 수 없기 때문에 사막을 형성하고 있습니다.

남극의 사막

남극에도 얼음이나 눈이 전혀 없는 지대가 있을까요?

사건속으로

남극학회의 학회장인 스키모 씨는 홀로 남극 탐사를 다녀오기로 결심했다. 항상 학회 일을 하느라 혼자서 여행해 볼 시간이 없었다. 남극학회의 정기

모임이 있던 날 스키모 씨는 회원들 앞에서 마이크를 잡았다.

"여러분! 1년 동안 저는 혼자 남극 탐사를 하려고 합니다. 1년이라는 긴 시간 동안 학회장 자리를 비워 놓을 수는 없습니다. 물론 그 1년은 제 임기에서 빼도록 하겠습니다. 그래서 학회장 자리를 1년 동안 맡아 주실 임시 학회장을 선출했으면 합니다."

회원들은 갑작스러운 발표에 몹시 놀랐다. 스키모 씨가 학회장

이 된 지는 1년이 조금 넘었다. 학회장의 임기는 4년이었다. 아직 3
년이나 더 일해야 하는 그가 갑작스럽게 남극행을 택한 것은 회원
들에게 큰 충격이었다. 아무런 반응이 없자 학회장은 이어 말했다.

"많이 놀라셨죠? 하하하, 저도 고민을 아주 많이 했습니다. 하
지만 저의 의견에 따라 주셨으면 합니다. 임시 학회장은 투표로
하는 게 좋겠죠?"

평소 그를 시기하던 아이스 씨가 일어나 말했다.

"여러분! 회장이 자리를 비운다는 것이 말이 됩니까? 그것은 한
나라의 대통령이 쉬고 싶다면서 1년만 나라를 내팽개치겠다는 것
과 다를 바가 없습니다. 안 그렇습니까?"

"아이스 씨! 그럼 어떻게 했으면 좋겠습니까?"

"차라리 그냥 학회장 자리에서 물러나세요! 아님 남극행을 포기
하시든가. 뭐, 그건 학회장 마음대로 하세요."

학회장은 갈등에 빠졌다. 사실 그는 권력이나 명예에는 관심이
없었다. 반면 아이스 씨는 탐욕적인 사람이었다. 지난 학회장 선
거에도 당선이 되고 싶어서 안달이 났었다. 그에게 스키모 씨는
그야말로 눈엣가시였다. 눈을 감고 골똘히 생각에 잠긴 학회장은
잠시 후 눈을 떴다.

"여러분…… 저는 남극행을 포기할 수 없습니다. 학회장이라는
직책도 중요하지만…… 남극 탐사는 제 꿈과 다를 바 없습니다.
만약 지금 학회장을 택한다면 남극 탐사는 평생 잡을 수 없는 먼

곳으로 날아가 버릴 것입니다."

아이스 씨는 신이 났다. 그의 빈자리를 채울 사람이 자신이라고 생각했기 때문이다.

"학회장님, 가지 마세요!"

"우리 학회에서 학회장님이 얼마나 큰 힘인데…… 3년만 더 기다리세요."

회원들은 성실하고 따뜻한 스키모 학회장을 차마 보내기 싫었다.

"여러분, 죄송합니다. 3년 후면 저도 나이가 들어 혼자 여행하는 것은 무리일 것 같아…… 부득이하게 지금 이런 선택을 하게 되었습니다. 차기 학회장은 부학회장이신 아이스 씨가 하시는 게 좋을 것 같습니다. 그럼 전 이만…… 1년 뒤에 뵙겠습니다."

학회장은 깊이 고개 숙여 인사하고 문을 나섰다. 아이스 씨는 잽싸게 학회장 석에 올라섰다.

"여러분, 걱정하지 마십시오. 제가 있지 않습니까? 저런 무책임한 학회장은 잊으세요. 하하하!"

스키모 씨는 다음 날 남극으로 떠났다. 그리고 남극에 도착해 짐을 풀기가 무섭게 이곳저곳을 탐사하기 시작했다. 남극은 끝이 없었다. 하루, 이틀, 사흘, 나흘…… 다리가 아픈 줄도 모르고 며칠을 돌아다녔다. 탐사 일주일째로 접어들었을 때였다. 한참을 돌아다니던 그는 어느 순간 길을 잃었다는 것을 깨달았다.

'여기가 어디지?'

걸어왔던 길을 되돌아가기 위해 아무리 애를 써도 길은 보이지 않았다. 지친 그는 자리에 풀썩 주저 앉았다.

'남극에서 길을 잃다니…… 이러다가 꽁꽁 얼어 버리는 거 아냐? 으휴…… 도저히 길을 찾을 수가 없어…….'

그는 앞이 캄캄했지만 포기할 수 없었다. 정말 잘못하다가는 차가운 남극에서 동태가 될지도 모르는 일이었다. 걷고 또 걸으며 길을 헤매던 도중 그는 갑자기 무언가를 발견했다.

"저게 뭐지?"

그의 눈앞에는 믿을 수 없는 광경이 펼쳐졌다. 바로 사막이 보였던 것이다. 몇 번이나 눈을 비비고 다시 한 번 눈을 크게 떠 봤다.

"내가 지금 꿈을 꾸는 건가?"

한 손으로 볼을 세게 꼬집어 보았다.

"아야!"

꿈이 아니었다. 정말로 그가 서 있는 곳은 사막이었다. 그는 사진을 찍고 간단하게 메모를 했다. 그리고 다음 날 바로 귀국을 했다. 이 놀라운 소식을 혼자서만 알고 있을 수는 없었기에 학회에 긴급 모임을 소집했다.

아이스 씨는 그가 갑자기 돌아오자 불안해지기 시작했다. 회원들이 모두 모이고 스키모 씨가 들어왔다. 아이스 씨는 보란 듯이 학회장 자리에 서서 말했다.

"스키모 씨! 아직도 당신이 학회장인 줄 아는 겁니까? 왜 갑자기 내 허락도 없이 긴급 회의를 소집한 겁니까?"

딱딱하고 차가운 말투로 회의장 분위기를 얼렸다. 스키모 씨는 따스한 미소를 지으며 말했다.

"죄송합니다. 아주 긴급한 사안이라……."

"무슨 일이죠?"

"제가 남극에서 너무 놀라운 일을 겪었습니다. 자! 여기 이 사진을 보십시오."

스키모 씨는 디지털 카메라를 스크린에 연결했다. 사막 사진이 영사기를 통해 비춰졌다. 아이스 씨는 스키모 씨가 회의장 안에 있다는 사실 자체가 불만이었다.

"스키모 씨! 사막 사진 한 장 가지고 지금 이 회의를 소집한 겁니까? 정말 어이가 없군요."

"그게 아닙니다. 이 사막 사진은 남극에서 찍은 사진입니다."

사람들은 그의 말을 이해할 수 없다는 듯 고개를 갸우뚱거렸다.

"바로 남극의 사막입니다."

"남극의 사막?"

웅성거리기 시작한 사람들을 보자 아이스 씨는 더욱 불안해졌다.

'저러다가 다시 스키모 씨가 학회장이 되는 거 아냐? 쳇! 이렇게 내버려 둘 수 없어! 뭔가 조치를 취해야 해!'

아이스 씨는 냉정하게 입을 열었다.

"이봐요! 스키모 씨, 당신 제정신이야? 남극의 사막이라니? 무슨 영화라도 찍나? 신성한 학회에서 지금 뭐 하는 겁니까? 당장 카메라 들고 나가십시오!"

"아이스 씨, 제 말을 믿어 주십시오. 제가 괜히 거짓말을 하겠습니까? 정말 남극 맞습니다."

"어허, 이 사람이…… 안 되겠어, 경비라도 불러서 끌어 낼까? 어서 나가십시오."

스키모 씨는 마이크를 잡았다. 그리고 회원들을 향해 말했다.

"여러분! 제가 왜 거짓말을 하겠습니까? 저는 이 사막을 보고 너무나 놀라워 바로 남극에서 돌아온 것입니다. 여러분께 보여 드리기 위해서…… 남극에 사막이 있다는 것을 알려 드리려고 온 겁니다."

사람들은 믿기 어려웠지만 스키모 씨의 말이라 그냥 무시할 수가 없었다. 아이스 씨는 스키모 씨의 마이크를 잡아채며 말했다.

"당신 이제 보니 미치광이구먼! 온통 얼음뿐인 남극에 사막? 속일 걸 속여야지! 그것도 남극학회의 전 학회장이라는 사람이 그러면 되나? 우리 학회의 위신을 땅에 떨어뜨릴 작정이야? 당장 나가시오! 당신을 우리 남극학회에서 퇴출시키겠소!"

"뭐라고요?"

착한 스키모 씨도 이번에는 화가 났다. 아무 잘못도 없는 자신을 학회에서 퇴출시킨다니. 기가 막힌 노릇이었다.

"아이스 씨! 나야말로 내 학회장 자리를 찾아가겠소. 일주일밖에 안 됐으니 다시 내 자리를 돌려주시오!"

아이스 씨는 벌떡 일어나 소리쳤다.

"스키모 씨! 정신 나간 소리나 하는 주제에 무슨…… 당신은 이미 우리 남극학회에서 퇴출당했어! 남극 사막인지 뭔지 거기나 가시지! 처음부터 학회를 버리고 떠난 건 당신이야!"

"하지만 남극의 사막은 진실이야! 나를 함부로 퇴출시킬 수 없다고!"

"경비를 부르겠어!"

아이스 씨는 급기야 경비원들을 불렀고 스키모 씨는 가엾게도 질질 끌려 나갔다. 며칠 후, 스키모 씨는 자신을 부당하게 퇴출시킨 남극학회 학회장 아이스 씨를 지구법정에 정식으로 고소하였다.

지각이 주변보다 빠르게 융기히면 빙하가 덮이기도 전에
높은 고도에 오르게 됩니다. 눈이 내려도 바람에 모두 날려서
암석과 토양이 드러나 드라이 밸리를 형성하게 됩니다.

남극에 정말 사막이 있을까요?

지구법정에서 알아봅시다.

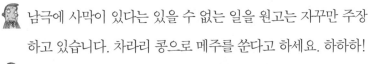 재판을 시작하겠습니다. '남극의 사막' 이

라는 제목을 가진 사건이군요. 제목부터가

예사롭지가 않은데 남극에 사막이 있다니

무슨 말인지 얼른 알아봐야겠습니다. 피고측 변론하세요.

 남극에 사막이 있다는 있을 수 없는 일을 원고는 자꾸만 주장

하고 있습니다. 차라리 콩으로 메주를 쑨다고 하세요. 하하하!

엥? 콩으로 메주를 쑤는 건 맞는 말인데요…….

아…… 그런가요? 그럼 바꿔야죠. 팥으로 메주를 쑨다고 하

세요. 하하하!

황당하네…… 피고측 변론은 남극에는 사막이 있을 수 없다

는 거죠?

그럼요. 사막은 적도 부근에 많아요. 사하라 사막이 최고죠.

히히!

일단 알겠습니다. 원고측의 변론을 들어 봐야 뭔가 알 수 있

겠군요. 원고측 변론하세요.

사막은 식물이 제대로 자라지 못하는 지역으로 흙과 모래로

덮인 넓은 지역을 의미합니다. 사막의 조건을 갖췄다면 어디

에나 있을 수 있는 거죠. 단지 더운 지역이 사막의 조건에 잘 맞을 뿐입니다. 남극에도 눈과 얼음이 아닌 암석과 모래로 뒤덮인 넓은 곳이 있습니다.

 남극이라면 온통 눈과 얼음만으로 덮인 줄 알았는데 아니란 거군요. 남극 중 어느 곳입니까?

 남극의 사막 지대에 대해 자세하게 설명해 주실 증인 한 분을 모셨습니다. 남극 토양 전문 탐사원 한동안 박사님이 자리해 주셨습니다.

 증인 요청을 받아들이겠습니다.

흙과 모래를 몸에 온통 뒤집어쓴 40대 초반으로 보이는 남자가 수리공처럼 망치를 비롯한 장비들을 허리춤에 주렁주렁 걸고 증인석에 들어섰다.

 남극 탐사는 잘 돼가고 있습니까? 좋은 결과 있길 바랍니다. 박사님, 남극에도 사막이 있습니까?

 있습니다. 남극 대륙의 98%는 얼음이나 눈으로 뒤덮여 있지만, 간혹 암석이나 토양이 그대로 드러난 곳두 있습니다.

 2%는 얼음과 눈이 없는 지대군요. 어떻게 만들어진 곳입니까?

 이곳의 지각은 융기 속도가 너무 빨라, 주변의 빙하가 암석을 미처 뒤덮기 전에 지각이 주변보다 높은 고도까지 상승했기 때문입니다. 이런 곳에는 빙하가 없고, 하늘에서 떨어지는 적은 양의 눈과 얼음 알갱이들만 쌓이게 됩니다. 하지만 강한 바람이 불면 그나마 깔려 있던 눈과 수분이 바람에 날아가 건조한 암석과 토양이 그대로 드러나고, 사막과 같은 특이한 지형을 만들게 되는데, 이것이 바로 드라이 밸리입니다.

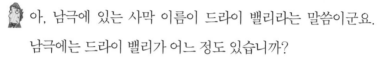 아, 남극에 있는 사막 이름이 드라이 밸리라는 말씀이군요. 남극에는 드라이 밸리가 어느 정도 있습니까?

가장 규모가 큰 드라이 밸리는 동남극의 빅토리아랜드에 있는 테일러 밸리, 라이트 밸리, 빅토리아 밸리입니다. 이 지역은 200만 년 동안 비나 눈이 오지 않아 환경이 거의 변하지 않았다고 합니다. 드라이 밸리의 환경은 화성의 표면과 비슷해서 미항공우주국(NASA)의 화성 탐사선 바이킹호의 착륙 연습장으로 활용되기도 했습니다.

사막은 활용 가치가 별로 없을 것 같은데 탐사선의 착륙 연습장으로 쓰였다니 놀랍습니다. 남극에 사막이 있을 거라고 생각하지 못했던 사람들의 예상을 깨고 드라이 밸리라는 사막이 있다는 것이 밝혀졌습니다.

세상에는 당연히 존재하지 않을 것 같지만 이렇게 존재한다는 것을 보여 주는 사례가 많은 것 같습니다. 아이스 씨는 스키모 씨의 말을 무시하고 학회에서 강제 탈퇴시킨 것을 사과

하고 학회에 다시 가입시키도록 하세요. 그리고 스키모 씨가 학회장직을 맡을 의사가 있다면 학회장에 출마할 기회를 주고 선거를 하도록 하십시오. 앞으로는 학회 구성원의 의견을 무조건 무시하지 말고 회의를 거쳐 조사한 뒤에 결정하도록 하십시오. 이상으로 재판을 마치도록 하겠습니다.

재판 후에도 아이스 씨는 스키모 씨에게 사과하지 않았다. 그러나 다시 학회장직을 두고 선거가 시작되자 스키모 씨가 다시 학회장직을 맡게 되었고 학회장의 의견에 따라 남극의 사막에 대한 조사를 맡게 된 아이스 씨는 직접 남극에 가서 사막을 보게 되었다. 그 후 자신의 잘못을 뉘우치고 스키모 씨에게 진심으로 사과했다.

 드라이 밸리가 건조한 이유

드라이 밸리는 1903년 극지 탐험가인 스콧이 처음 발견하는데, 이곳은 따뜻하기 때문에 얼음이 얼지 않는 것이 아니라 항상 불어 오는 강한 바람 때문에 눈이 날려서 땅을 드러내는 것이다.

아무것도 안 보였어요

눈보라가 칠 때 길을 헤매게 되는 이유는 무엇일까요?

펭귄여행사에서는 회사 창립 30주년을 기념하여 특별 여행 패키지 상품 마련을 위한 회의가 한창이 었다.

"이번 여행 상품이 우리 회사 30주년 기념이지 않습니까? 그러 니까 30주년을 기념하기 위해서 30개국 투어 패키지 상품을 만드 는 것입니다."

안공주 대리가 가장 먼저 의견을 냈다. 그러자 나미녀 과장이 손을 들었다.

"하지만 30개국을 여행하려면 그 패키지의 요금은 아주 비싸겠네요. 그리고 무엇보다 30개국을 돌아보려면 기간도 너무 오래 걸릴 것 같네요."

안공주 대리는 사사건건 자신의 의견에 토를 다는 나 과장이 얄미웠다.

"그럼 나 과장님의 의견은 뭐죠? 설마 아무 의견도 없이 남의 의견에 태클을 거는 건 아니겠죠?"

"물론 저도 의견이 있죠. 제 생각에는 창립 30주년 기념인 만큼 회사의 이미지를 좋게 만드는 것이 최고의 이벤트라고 생각합니다. 여행사 중에 가장 인기가 많은 우리 회사가 갖고 있는 단점이 한 가지 있다면 가격이 다른 회사에 비해서 조금 비싸다는 겁니다. 물론 비싼 만큼의 신뢰가 있겠지만 이번에는 파격적인 조건으로 홍보를 하는 것입니다. 예를 들면 아주 저렴한 가격에 상품을 내놓으면 비싼 여행사라는 이미지를 좀 없앨 수 있지 않을까요?"

회의에 참석한 사장과 사원들이 고개를 끄덕였다. 모두들 나 과장의 의견에 동의하는 듯 보였다. 안공주 대리는 고개를 뻣뻣하게 들고 말했다.

"안 됩니다. 우리 여행사의 럭셔리한 이미지를 그렇게 싸구려 여행사로 전락시킬 수는 없습니다. 나 과장님은 명품 여행사의 이미지를 무너뜨리자는 말씀입니까? 쳇!"

가만히 듣고 있던 사장이 입을 열었다.

"저는 나 과장 의견에 동의합니다. 물론 안 대리의 말처럼 명품 여행사라는 럭셔리한 이미지가 우리 여행사의 상징인 것은 사실입니다. 하지만 요즘처럼 경제 관념이 투철한 시대에 소비자들은 같은 조건에 비싼 상품을 선택하려 하지 않습니다. 그것은 지난해 고가 여행 상품 판매가 줄어든 것을 보면 알 수 있습니다. 안 대리는 아직 통계 조사 자료를 못 봤나요? 으흠, 아무튼 이번 창립 30주년을 맞이해서 우리 펭귄여행사의 이미지를 향상시키도록 나 과장 중심으로 일을 잘 계획해 보세요. 안 대리가 나 과장 보조 역할을 하세요. 그럼 이만 회의는 여기서 마칩시다."

안 대리의 얼굴은 붉게 달아올랐다. 사장이 대놓고 나 과장의 편을 들 줄은 몰랐다. 반면 나 과장의 얼굴은 화색이 돌고 어깨는 빳빳하게 펴졌다.

"안 대리! 시장 조사 좀 해 오세요. 참! 설문지도 좀 돌리고! 내일 회의할 때까지 소비자들이 어떤 여행지를 선호하는지, 또 어느 정도의 가격을 원하는지 싹 조사해서 통계까지 확실하게 해 오세요. 수고해요. 땡큐~."

"네……."

안 대리는 괜히 나 과장에게 맞서다가 일만 더 크게 만들고 말았다. 밤을 꼬박 새워 일을 마쳤다. 그리고 다음 날 펭귄여행사의 홈페이지에는 '펭귄과 함께 떠나는 얼음 여행'이라는 여행 상품이 올라왔다. 반응은 아주 뜨거웠다. 여행 상품이 홈페이지에 올라오자 신청자들이 몰리기 시작했고 급기야 홈페이지가 다운되는 지경에 이르렀다. 사장은 매우 흡족해하며 나 과장을 우수 사원으로 표창하였다. 결국 재주는 안 대리가 다 부리고 상은 나 과장이 받는 격이었다.

"안 대리!"

나 과장은 안 대리를 나긋나긋한 목소리로 불렀다.

"네, 나 과장님!"

"이번 남극 패키지 가이드가 마땅히 없어서 그러는데…… 남극에 한 번이라도 다녀왔던 직원이 안 대리밖에 없네요. 그래서 말인데…… 안 대리가 다녀와요."

"네?"

"왜요? 싫어요?"

"아…… 아닙니다. 저 혼자 가나요? 고객이 몇 명 정도인지…… ."

"얼마 안 돼요. 혼자 충분히 갔다 올 수 있을 거예요. 뭐, 그 정도도 못 해요? 능력이 안 되면 한 명 더 같이 갈래요?"

"아니에요. 혼자 다녀오겠습니다."

결국 안 대리는 얼떨결에 일을 맡아 버렸다.

'이번 남극만 다녀오면 회사를 그만두든가 해야지. 저 불여우 보기 싫어서…… 쳇!'

다음 날 안 대리는 고객들을 기다리기 위해 공항에 일찍 도착해서 펭귄여행사 피켓을 들고 서 있었다. 신청자는 자그마치 30명이

나 되었다.

'30명이나 되는 사람을 남극까지 혼자 가이드 하라는 거야? 완전 골탕을 먹이려는 거군……'

"여러분! 잠깐 저한테 집중 좀 해 주세요. 여러분!"

목이 터져라 소리를 질러도 30명을 통제하기는 쉽지 않았다.

따르르릉-.

정신이 없는 와중에 전화까지 왔다.

"여보세요."

"안 대리, 공항인가?"

불여우 나 과장이었다. 안 대리는 화를 꾹 목으로 삼키고 말했다.

"네, 무슨 일이세요?"

"그냥, 이번 패키지의 책임자로서 걱정이 돼서…… 잘 다녀오라고 전화했어요. 아무 사고 없이 조심히 다녀와요. 그럼 이만."

나 과장의 인사를 받자 없던 사고도 일어날 것같이 기분이 나빠졌다.

"여러분! 이제 안으로 들어갈 겁니다. 이탈하지 않도록 주의하세요. 출발합시다."

30명의 사람들은 비행기에 무사히 탑승했다. 여기까지는 일도 아니었다. 남극에 도착해서 관광 다닐 일이 더 걱정이었다.

'휴…… 정말 앞이 캄캄하다……'

긴 비행 시간 끝에 드디어 남극에 도착했다.

"여러분! 일단 오늘은 숙소로 가서 좀 쉬시고 내일부터 관광을 할 겁니다. 다들 제가 드리는 열쇠를 받아 각자 방으로 올라가 주세요."

모든 사람들이 숙소로 올라가고 나서야 안 대리도 방으로 들어왔다.

"내가 그 불여우한테 완전 당했어. 내일 저 많은 사람들을 데리고 어떻게 돌아다니지? 휴…… 눈물 난다. 눈물 나…… 아니야, 내가 이렇게 무너질 수 없지! 그럼 그 불여우한테 지는 거잖아, 안 공주! 힘내자! 아자! 아자!"

다음 날 안 대리는 활기차게 고객들 앞에 섰다.

"여러분 오늘은 날씨가 좀 흐립니다. 일행분들 잘 챙기셔서 사고 없이 즐거운 관광이 되도록 우리 같이 노력합시다!"

"네!"

날이 점점 흐려져 남극은 온통 하얀 세상이 되었고 앞이 잘 보이지 않자 사람들이 웅성거리기 시작했다. 가이드의 목소리도 잘 들리지 않았다. 한 시간 정도 돌아다니다가 도저히 앞이 안 보여 걸을 수 없게 되자 다시 숙소로 돌아왔다.

"오늘은 안 되겠어요. 내일 날이 좀 맑아지면 그때 다시 니가도록 해요. 자, 다들 일행 분들 확인하셨죠?"

그때 한 아줌마의 비명 소리로부터 일이 벌어졌다.

"어머! 우리 아들이 없어요!"

"제 아내도 없어졌어요. 여보!"

"아빠가 안 보여요. 으앙!"

숙소 로비는 갑자기 이수라장이 되었다. 안공주 대리는 당황하기 시작했다.

"자, 여러분 인원수를 세 봐야겠어요. 일단 두 명씩 줄을 서 주세요. 그래야 정확한 인원을 파악할 수 있으니까요."

사람들은 빠르게 줄을 섰다.

'둘, 넷, 여섯…… 스물넷?'

끝에 서 있던 한 청년이 소리쳤다.

"6명이나 없어졌어요! 내가 이럴 줄 알았지. 앞이 하나도 안 보여서 나도 하마터면 앞 사람을 놓칠 뻔했어. 가이드는 아예 보이지도 않았고!"

"우리 아빠 찾아 줘요! 엉엉……."

"책임지세요!"

"빨리 신고해요!"

결국 구조대에 신고해서 몇 시간 끝에 실종된 6명을 무사히 찾아낼 수 있었다. 하마터면 남극에서 꽁꽁 얼어 목숨이 위험할 뻔했다. 여행은 모두 물거품이 되었다. 안공주 대리는 제발 꿈이기를 빌었다. 사람들은 당장 돌아가겠다고 난리였다. 결국 일행은 여행을 접고 당장 돌아가기로 했다. 공항에 도착하자 사람들은 여기저기서 소리치기 시작했다.

"우리 아들이 죽을 뻔했어요! 지금도 그 때 일 때문에 애가 벌벌 떨고 자다가도 경기를 해요. 당장 피해 보상하세요!"

"여행 요금 환불은 물론 당신 여행사 가만 안 두겠어!"

안 대리는 어떻게든 이 사실을 여행사에 알리고 싶지 않았다. 회사에서 해고당하는 것은 물론 나 과장이 자신을 얼마나 비웃을지 생각만 해도 끔찍했다.

"여러분! 정말 죄송합니다. 제가 책임지겠습니다. 회사와는 아무 상관이 없지 않습니까?"

"그래? 그럼 당신 이름으로 당장 고소하겠어!"

여행자 30명 전원은 즉시 지구법정으로 달려가서 안공주 대리를 고소했다.

짙은 안개, 폭우, 폭설 속에서는 방향 감각을 잃을 수 있습니다.
목표물을 향해 가려고 하지만 사실은 목표물을 중심으로
큰 원을 그리며 맴도는 환상 방황을 겪게 되지요.

사람들이 실종된 이유는 뭘까요?
지구법정에서 알아봅시다.

 재판을 시작하겠습니다. 실종된 사람들이 모두 구조되어서 다행이군요. 이 사건이 어떻게 일어난 건지 확인한 후 조치를 취하도록 하겠습니다. 원고측 변론하세요.

 사람들이 여행사에 의뢰를 하는 이유는 안전하고 편안한 여행을 위해서입니다. 그런데 여행 중 사람들이 실종되는 일이 일어난 것은 큰 사고입니다. 실종 사건이 일어난 것은 말할 것도 없이 가이드의 잘못이지요. 인솔하는 데 제대로 신경을 썼다면 어린아이도 아닌 어른들이 실종될 일이 있겠습니까? 이것은 가이드를 한 피고가 전적으로 책임을 지고, 길을 잃었던 사람들과 여행을 포기하고 돌아온 모든 분들에게 변상할 것을 요구합니다.

 실종되었다가 구조된 사람들은 심리적으로 안정을 찾기가 힘들겠군요. 그런데 아무리 가이드가 신경을 쓰지 않았다고 해도 어떻게 6명이나 되는 사람들이 길을 잃었는지 이상하군요.

 물론 날씨가 별로 좋지 않았던 점은 인정합니다. 그렇다고 가이드로서의 책임을 면할 수는 없는 것 아닙니까?

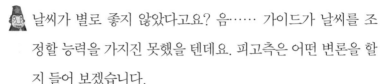 날씨가 별로 좋지 않았다고요? 음…… 가이드가 날씨를 조정할 능력을 가지진 못했을 텐데요. 피고측은 어떤 변론을 할지 들어 보겠습니다.

 펭귄여행사에서 30명의 고객을 가이드 혼자서 모두 인솔하게 한 것부터 무리였습니다. 굉장히 추운 남극은 다른 지역보다 훨씬 많은 위험이 도사리고 있는 곳이지요. 게다가 여행을 시작한 날의 날씨는 여간 나쁜 게 아니었습니다. 안개와 눈이 많이 내려 세상이 온통 하얗게 변해서 앞이 제대로 보이지 않는 상태였습니다. 이런 날씨가 이들의 여행에 어떤 영향을 끼치는지에 대해 말씀해 주실 분을 모셨습니다. 지구탐험대의 팀장으로 계시는 최고지 대장님을 증인으로 요청합니다.

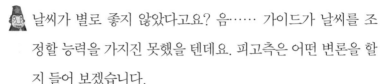 요청을 받아들이겠습니다.

세 끼 식사 정도는 해결할 수 있을 만한 음식을 배낭에 넣고 어깨에 짊어진 40대 후반의 남자가 등산복 차림에 옆구리에는 램프를 낀 채 들어왔다.

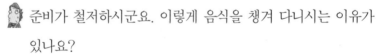 준비가 철저하시군요. 이렇게 음식을 챙겨 다니시는 이유가 있나요?

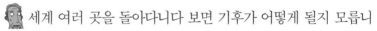 세계 여러 곳을 돌아다니다 보면 기후가 어떻게 될지 모릅니

다. 이렇게 음식을 가지고 다니면 최소 하루에서 일주일은 버틸 수 있지요. 탐험을 하려면 이 정도는 해야죠.

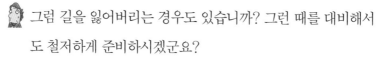 그럼 길을 잃어버리는 경우도 있습니까? 그런 때를 대비해서도 철저하게 준비하시겠군요?

물론 준비야 완벽히 합니다. 그렇지만 인간의 한계를 넘는 경우도 있지요. 남극 여행을 갔던 사람들이 실종된 경우가 여기에 해당됩니다.

무슨 말씀이세요? 그럼 가이드를 한 피고의 책임이 아닐 수도 있다는 겁니까?

네, 피고에게 잘못이 하나도 없다고 할 수는 없지만 가이드의 잘못을 떠나 다른 문제가 있습니다. 눈이 많이 내리는 지대에서는 안개나 폭우, 폭설 등의 영향으로 시야가 방해를 받아 감각을 잃고 같은 지역을 맴도는 경우가 있습니다. '링반데룽' 혹은 '환상 방황'이라고 부릅니다. 본인은 어떤 목표물을 향하여 직진한다고 생각하지만 사실은 큰 원을 그리며 움직일 뿐입니다. 앞으로 계속 나아갔다고 생각하지만 결국엔 출발점으로 되돌아오게 되지요. 적게는 한 시간, 많게는 3시간 이상 그런 행동을 할 수 있습니다.

그렇다면 사람들의 감각에 이상이 생긴 거라고 봐야겠군요.

그렇지요, 착각을 하게 만드는 거니까요. 환상 방황은 여행자가 피로에 지쳐 사고력이 둔해지고 방향 감각을 잃어버렸을 때나 야간까지 여행을 무리하게 연장하는 경우에 일어나기 쉽습니다. 환상 방황에 빠졌다고 판단되면 지체 없이 방향을 재확인하고 휴식을 충분히 취한 뒤에 날씨가 좋아질 때까지 기다려야 합니다.

 아무튼 나름대로 최선을 다해 여행을 진행하느라 고생한 피고에게 이런 일이 생겨서 유감입니다. 피고의 책임이 크지 않다는 것을 밝힐 수 있어서 다행입니다. 부디 판사님의 넓으신 아량으로 열심히 일하는 피고에게 관대한 판결을 내려 주시길 바랍니다.

바람이 많이 불거나 비가 내리는 등 나쁜 날씨로 여행이 불쾌한 경우였다면 문제는 조금 달라졌을지 모르겠습니다. 하지만 눈으로 인해 사람들이 환상 방황을 겪을 확률이 많다고 하니 피고의 책임만으로 돌릴 수는 없을 것으로 보입니다. 그렇다고 피고는 사람들에게 눈으로 인해 입을 피해나 주의 사항을 알리지 않은 책임을 모면할 수는 없습니다. 펭귄여행사는 가이드를 한 명밖에 배정하지 않은 책임이 있으므로 여행 비용의 33%를 여행객들에게 배상해 줄 것을 판결합니다. 그리고 이 일은 어떠한 해고 사유가 될 수 없음을 여행사 측에 알리는 바입니다. 또한 피고는 실종되었다 구조된 사람들이 정신적 후유증을 앓지 않도록 병원 치료비를 지급할 책임이 있습니다.

재판이 끝난 후 나 과장은 언제나처럼 안 대리에게 핀잔을 주었다. 그러나 안 대리는 개의치 않고 관광객들을 위험에 빠뜨릴 뻔했던 자신의 잘못을 반성했고, 가이드 하는 것에 흥미를 느껴 아예 자신을 가이드 전담으로 보내 달라고 요청하였다. 안 대리가 가이드가 되자 토닥거리며 말싸움할 상대가 없어 심심했던 나 과장 역시 안 대리가 있는 곳의 가이드 담당을 요구했다.

링반데룽

산을 올라갈 때나 넓은 고원 등에서 방향 감각을 잃고 같은 자리를 맴도는 현상을 링반데룽이라고 한다. 안개나 눈보라를 만나 피로했을 때 나타난다. 여행자는 목표한 곳으로 가고 있다고 생각하지만 큰 원을 그리며 제자리를 맴돌고 있는 현상이다.

영화 〈남극 일기〉

남극이나 북극에서 태양이 여러 개로 보이는 이유는 무엇일까요?

"여보세요?"

"세우냐? 나 유미야! 호호호! 너 또 집에서 방콕하고 있구나!"

유미는 아주 어렸을 때부터 세우와 이웃사촌이었다. 10년 동안 싸우기도 수백 번 싸웠지만 친남매보다도 더 남매같이 지냈다. 하지만 유미는 항상 세우를 놀리고 골탕 먹이는 친구였다.

"아…… 아니야!"

"아니기는! 너 지금 100번에서 하는 만화 보고 있잖아! 안 봐도 비디오야!"

"아니라니까, 쳇! 근데 왜 전화했는데? 너 나 놀리려고 전화한 거야?"

"그건 아니고! 내일 우리 가족끼리 스키장 간다. 호호호! 부럽지? 너도 같이 갈래?"

"쳇! 됐어! 내가 왜 너네 가족 가는데 따라가냐? 나도 우리 가족이랑 해외여행 가!"

"정말? 어디로?"

"음……."

세우는 딱히 떠오르는 곳이 없었다. 사실 태어나서 단 한 번도 외국에는 나가 본 적이 없었던 것이다. 유미가 간다는 스키장보다 더 좋은 곳이 어딜까 생각해 보았다. 순간 떠오른 것이 하필이면…….

"나, 남극!"

"뭐? 남극?"

"그래! 겨울에는 남극 여행을 가야지. 하하하!"

"뻥쟁이!"

유미는 역시나 세우의 거짓말을 단번에 알아차렸다. 그러나 세우는 이번만큼은 지고 싶지 않았다.

"정말이야, 쳇! 부럽냐?"

유미는 오랜만에 세우를 놀릴 건수를 잡은 듯이 의미심장한 웃음을 띠며 말했다.

"왕세우, 좋아! 그럼 너 개학식 때 남극에서 찍은 사진 가지고 와! 호호호, 너 거짓말이면 가만 안 둬! 알지?"

"……."

세우는 차마 대답을 할 수가 없었다. 다른 곳도 아니고, 텔레비전이나 영화에서만 보던 남극으로 여행을 간다고 했으니 대충 둘러댈 수도 없었다.

'앗…… 어떡하지…….'

세우는 눈앞이 깜깜했다. 유미에게 적어도 한 달은 시달림을 당하는 모습이 눈에 선했다.

"아무튼 남극 잘 다녀오시지, 개학식 때 보자! 호호호!"

뚜우우우.

유미는 얄밉게 말하고는 전화를 끊었다. 세우는 엄마의 치맛자락을 붙잡고 조르기 시작했다.

"엄마! 우리 남극 여행 가요, 남극 가요!"

저녁 식사 준비를 하고 있던 엄마는 갑작스러운 남극 이야기에 황당한 얼굴로 아들을 바라보았다.

"뭐? 남극?"

"응, 남극! 남극 여행 가요, 제발…… 엄마 아들 죽을지도 몰라……."

"무슨 소리야! 뜬금없이…… 얼른 저녁 먹을 준비나 해! 아빠 안방에 계시니까 나오시라고 전해!"

"어, 엄…… 마……."

사실 세우네는 짠돌이 가족으로 유명했다. 그러니 남극 여행을 가자고 하는 것은 계란으로 바위 치기보다도 더 허무한 짓이었다. 하지만 유미한테 놀림을 당하느니 차라리 계란이 되고 싶었다. 저녁을 먹는 내내 세우의 머릿속에는 유미의 익살스러운 얼굴이 떠올랐다.

'차라리 학교를 가지 말까?'

"세우야! 왕세우!"

"네…… 네?"

"아빠가 부르시는데 대답도 안 하고 무슨 생각을 하는 거니?"

엄마의 목소리에 세우는 그때서야 정신을 차렸다.

"네?"

"세우야! 무슨 고민 있니? 아빠한테 말해 보렴!"

"그…… 그게……."

엄마는 세우의 얼굴을 보고 무슨 말을 하려는지 눈치채고야 말았다.

"너, 세우! 아까 얘기한 거라면 그만둬!"

"엄마……."

"여보! 무슨 일인데 그래?"

"별일 아니에요!"

세우는 풀이 죽어 밥을 먹는 둥 마는 둥 하였다. 아빠는 걱정이 되어 다시 물었다.

"세우야, 빨리 말해 봐! 어서!"

"우리 가족도 여행 갔으면 좋겠어요. 남극으로……."

용기를 내어 말하기는 했지만 말끝이 흐려졌다. 아빠는 잠시 생각하다가 입을 열었다.

"그래, 우리도 남극 구경 가자!"

"와! 정말요?"

"응. 내일 당장 구경하자!"

"여보! 회사는 어쩌고……."

"아무튼 내일 기대하라고!"

세우는 신이 났다. 한 번도 가보지 못했던 곳에 가게 된다는 것도 좋았지만 무엇보다 유미에게 자랑할 수 있다는 것이 정말 기뻤다.

그런데 다음 날, 늦잠을 자고 일어나 보니 아빠가 집에 안 계셨다. 아빠는 태연하게 회사에 출근을 하신 것이다.

"엄마, 아빠는?"

"회사 가셨지."

세우는 실망이 이만저만이 아니었다.

"으앙~~! 엉~ 엉~~!"

"아빠가 퇴근할 때까지 기다리라고 하셨어. 울지 마!"

엄마의 말이 떨어지기가 무섭게 세우는 울음을 뚝 그쳤다. 그러고는 하루 종일 시계만 바라보며 아빠가 퇴근하기만을 기다렸다. 저녁 시간이 다가오고 드디어 초인종이 울렸다.

"아빠다!"

세우는 부리나케 현관으로 달려갔다. 아빠는 손에 무언가를 들고 오셨다.

"아빠, 우리 남극 구경 언제 가요?"

"으흠! 아빠가 남극 구경 지금 시켜 줄게!"

"네?"

아빠는 봉투에서 비디오테이프를 꺼냈다.

"짜잔! 〈남극 일기〉라는 SF 영화다. 하하하! 남극이 무지하게 많이 나와!"

"아빠……."

역시 구두쇠 아빠였다.

'그럼 그렇지…… 우리 아빠가 웬일로 남극 구경을 가자고 하나 했네. 아유…….'

어찌 되었든 간에 세우네 가족은 모여 앉아 영화를 보기 시작했다. 한창 재미있게 영화를 보는데 이상한 장면이 나왔다.

"아빠, 태양이 3개예요?"

"뭐?"

"저기 저 장면에서 지금 태양이 3개잖아요."

화면을 일시 정지했다. 세우의 말대로 화면에는 3개의 태양이 떠 있었다.

"어라?"

아빠의 표정은 심각해졌다. 보수적이고 고지식한 아빠는 이 일을 그냥 넘길 수 없었다.

"연소자 관람가 영화라면 아이들도 볼 텐데…… 이런 몰상식한 장면이 들어가 있다니…… 영화사에 항의하겠어!"

아빠는 당장 수화기를 들었다.

"여보세요?"

"네, 대박영화사입니다."

"〈남극 일기〉라는 SF 영화를 봤는데 아주 말도 안 되는 내용이 있습니다!"

"네? 무슨 말씀이신지요?"

"태양이 3개라니? 아이들이 보고 어떻게 생각하겠습니까?"

"그건……."

짠돌이 아빠는 직원이 말할 틈도 주지 않고 빠른 속도로 말했다.

"아무튼 이런 비교육적인 영화를 만든 작가를 지구법정에 고소하겠습니다."

뚜우우우.

결국 세우 아빠는 다음 날 지구법정으로 가서 〈남극 일기〉 작가를 고소했다.

과학공화국
지구법정 6

햇빛이 공기 중의 얼음 알갱이에 반사, 굴절되어 해의 형상인
환일을 만들어 냅니다. 환일은 태양과 같은 고도에서 나타나며
여러 개가 생기기도 합니다.

태양이 3개일까요?
지구법정에서 알아봅시다.

재판을 시작하겠습니다. 남극에서 본 태
양에 재미난 현상이 일어난다고요? 어떻
게 된 일인지 설명을 들어 본 뒤 판단하도
록 하겠습니다. 먼저 원고측 변호사 변론하십시오.

우리는 매일같이 아침에 뜨고 저녁에 지는 해를 봅니다. 그렇
지만 한 번도 태양이 2개 혹은 3개인 경우를 본 적은 없습니
다. 그런데 어린아이들이 함께 보는 영화에 태양 3개라니, 원
고의 말대로 비교육적입니다. 영화사에서는 〈남극 일기〉에
나오는 태양 장면을 삭제하고 사과문을 발표할 것을 요구합
니다.

남극의 태양이 3개로 나왔다는 말씀이십니까? 저도 남극에
대해선 잘 모르니 어떻게 그럴 수 있는지 의문이군요. 피고측
변론을 들어 보면 알 수 있을지 모르겠군요. 피고측 변론하십
시오.

우리가 늘 보아 오던 태양은 하나입니다. 하지만 남극과 북극
에 가면 여러 개의 태양을 볼 수 있습니다. 물론 남극이나 북
극이라고 해서 태양이 2개, 3개로 증가한다는 것은 아닙니

다. 그렇게 보인다는 거지요.

어떻게 이러한 현상이 일어나는지 설명해 주실 증인을 모셨습니다. 증인은 10년째 태양과 달의 관측소 팀장을 맡고 계시는 김빛나 님이십니다.

 증인 요청을 허락합니다.

깨끗한 피부에 깔끔한 정장 차림을 한 40대 중반의 여성이 조용히 증인석에 앉았다. 미인의 출현에 원고측 지치 변호사는 순간 경직된 표정과 함께 얼굴이 붉어졌다.

 자리해 주셔서 감사합니다. 태양과 달에 대해 관측하시다 보면 신기한 장면들을 많이 보시겠습니다. 실제 태양은 하나인데 북극과 남극에서 태양이 여러 개로 보이는 것이 사실입니까?

 사실입니다. 영화 제작자들은 남극을 잘 알고 제대로 찍은 겁니다. 태양이 여러 개로 보이는 것은 태양이 2개에서 5개까지 여러 개의 해들을 대동하고 나타나기 때문입니다. 이러한 현상을 환일, 태양 플라즈마, 또는 무리해라고 합니다.

 양쪽으로 대동하고 나타난다고요? 신기하군요. 그럼 태양이 대장인가 봅니다. 하하! 그런데 이러한 현상은 어떻게 생기는 겁니까?

공기 중의 얼음 알갱이가 햇빛을 반사, 굴절시키기 때문에 생기는 겁니다. 환일의 특징은 햇빛이 약하기 때문에 맨눈으로도 관측이 가능하다는 것과 가장자리가 명확하지 않다는 겁니다. 태양과 같은 고도에서 좌우에 대개 1쌍이 나타나지만 더 많이 나타나는 경우도 있습니다. 또한 태양 및 환일을 꿰뚫고 수평선과 평행으로 백색 고리가 생기는 경우도 있지요. 그것은 환일환 또는 무리해 고리라고 합니다. 달에서도 같은 현상이 일어나는데, 이것은 환월, 또는 무리달이라고 합니다.

태양이 여러 개라니, 남극과 북극에는 신기한 일이 많이 일어나는군요. 그곳에 가면 정말 어리둥절하겠는걸요, 하하! 영화에서 나온 태양의 개수 때문에 화가 많이 났던 원고는 이제 오해가 풀렸으리라 생각되는군요. 비교육적이 아니라 오히려 교육적인 시간이 됐겠는걸요.

남극과 북극에서 해와 달이 여러 개로 보인다는 정보는 정말 교육에 도움이 될 듯합니다. 남극 여행을 하는 분들에게도 도움이 될 것 같군요. 아무튼 원고의 오해도 풀렸고 영화사도 두 다리 펴고 지낼 수 있게 되었군요. 이것으로 남극 태양에 관한 재판을 마치도록 하겠습니다.

재판 후 제대로 알지도 못하고 화만 냈던 세우네 아버지는 사실을 알게 된 뒤 영화사에 다시 전화를 걸어 미안한 마음을 전했다.

그리고 여러 개의 해가 보이는 신기한 장면을 실제로 보고 싶어 하는 세우를 위해 세우네 가족은 큰맘 먹고 남극으로 여행을 떠났다. 여행을 하는 동안 세우는 유미가 부러워하는 모습을 상상하며 사진만 찍어 댔다.

 환일

환일은 다른 말로 '환상의 태양'이라고 하는데 공기 중의 얼음 알갱이가 햇빛을 반사, 굴절시켜 고리 모양으로 빛나는 현상이다. 환일은 남극뿐 아니라 북극에서도 관찰된다. 또한 태양과 같은 높이에서 나타나는데 지평선 근처에 있을 때 가장 아름답다. 흔히 말하는 햇무리도 환일 현상의 일종이다.

남극 빙산도 빙산인가요?

남극의 얼음 덩어리는 대륙처럼 평평한데 어째서 빙산이라고 부를까요?

여행광 씨는 세계 일주를 목표로 여러 나라를 여행할 계획을 짜고 있었다. 그의 취미는 여행하면서 사진 찍기와 자신의 홈페이지에 사진을 올리는 것이었다. 그러던 어느 날 평소와 같이 인터넷으로 웹 서핑을 하던 중에 매력적인 두 장의 사진을 보게 되었다. 북극과 남극의 신비로운 모습을 담은 사진이었다.

'좋아! 내가 찾던 곳이 바로 여기야!'

그는 사진을 보고 북극과 남극의 매력에 푹 빠져 그 자리에서 바로 여행 가방을 꾸리기 시작했다. 다음 날, 그는 화끈한 성격답게 곧장 북극으로 떠났다. 북극에 도착한 그는 이곳저곳을 누비며 사진을 찍기 시작했다.

"춥기는 하지만 정말 오기를 잘했어! 호호호. 왕창 찍어서 홈페이지에 올려야겠다."

사진으로만 보던 곳을 실제로 경험한다는 것은 여행을 해 보지 않은 사람들은 알 수 없는 기분일 것이다. 카메라의 버튼을 누르는 그의 손놀림이 빨라졌다.

찰칵찰칵.

북극의 이곳저곳을 구경한 다음에는 곧바로 남극으로 향했다. 남극에서도 그 매력에 푹 빠져 장거리 여행의 피곤함도 싹 잊은 채 관광을 즐겼다.

수백 장의 사진을 찍고 한 달 만에 집에 돌아온 여행광 씨는 서둘러 컴퓨터 앞에 앉았다. 개인 홈페이지에 사진 올리는 것이 삶의 낙인 여행광 씨로서는 이번 북극과 남극의 여행 사진을 올리는 것 역시 말이 필요 없는 일이었다. 1000장이 넘는 사진들을 하나하나 빠짐없이 올렸다. 사진 한 장마다 그때를 회상하며 몇 자씩 적어 넣었다. 예를 들면 공항에서 찍은 사진 아래에는 몇 월 며칠 몇 시 어디에서 그때의 기분은 어땠다는 식으로 적었다. 그의 홈페이지에는 하루에도 수많은 사람들이 방문했다. 사람들은 사진을 스크랩해 가는 경우가 다반사였다. 그의 사진 찍는 실력은 꽤 정평이 나 있어서 아마추어 사진 작가라고 불릴 정도였다. 또한 방명록에는 여행에 대한 정보를 묻는 사람들도 꽤 많았다. 그는 이번 북극과 남극 사진이 사람들에게 얼마나 큰 호응을 얻어 낼지 기대감에 부풀었다.

'이번에는 아마 조회 수가 폭발할지도 모르겠군. 하하하! 남극, 북극 사진을 나만큼 멋지게 찍은 사람은 없을 거야!'

사진을 모두 올리고 나서 한 달 정도 지났을 때의 일이다. 방명록과 댓글들을 확인하기 위해 홈페이지에 들어갔는데 한 장의 사진에 여러 개의 댓글이 달려 있었다.

– '남극의 빙산'이라는 제목이군요. 그런데 빙산은 어디 있는 거죠? 빙산도 산인데 사진 속 남극은 모두가 평평하네요. 잘못 찍으신 거 아니에요? ID: 여행 마니아
– 그러게요! 산이 뭐 저래? ID: 떠나자
– ㅋㅋㅋ 빙산이 아니라 그냥 빙판이라고 하세요. ID: 배낭이
– 이거 정말 남극 빙산 맞아요? ID: 얼음 공주

댓글을 하나씩 읽어 갈 때마다 여행광 씨의 눈은 점점 커졌다. 그는 남극에서 찍은 사진들을 하나씩 유심히 살펴보았다.

"어라?"

방문객들의 말이 옳았다. 남극의 빙산 사진들은 하나같이 평평했다.

"어떻게 된 일이지? 사진이 잘못 찍혔나?"

그는 인터넷으로 남극의 사진들을 검색해 보았다. 그런데 아니나 다를까 모든 사진들 속의 남극 빙산은 뾰족하지 않고 평평했다.

'근데 왜 빙산이라고 할까?'

아무리 생각해도 답을 찾을 수가 없었다. 홈페이지 방명록에는 급기야 사진의 진위 여부를 의심하는 글들이 폭주하기 시작했다.

- 당신, 정말 남극에 갔다 오기는 한 거야? 저 사진들 합성 아냐? 무슨 빙산 사진이 저래?   ID: 김탐정
- 실망이에요. 사진을 조작하다니…….   ID: 순수 소녀

여행광 씨는 빙산 사진 때문에 그동안 자신이 쌓아 놓았던 좋은 이미지들이 순식간에 망가진 것 같아 분노가 치밀었다.

"말도 안 돼! 나는 정말로 남극에 가서 사진을 찍은 건데……
사람들이 내 사진을 의심하다니!"

그는 남극 홈페이지에 접속하였다. 그리고 게시판에 글을 올렸다.

저는 과학공화국에 사는 여행광이라고 합니다. 얼마 전 남극을 여행하고 왔는데 이상한 점을 발견했습니다. 모든 빙산들이 뾰족하지가 않고 평평하더군요. 그렇다면 그것을 왜 빙산이라고 부릅니까? 남극의 빙산은 빙산이라는 표현을 쓰지 못하게 해야 합니다. 그냥 얼

음 덩어리나 얼음판이라고 부릅시다.

게시판의 글은 한둘이 아니었다. 불같은 성격의 여행광 씨는 이런 글을 수십 개나 올렸고 조회 수는 수만 건에 이르기 시작했다. 더군다나 그의 의견에 동의한다는 사람에서부터 서명 운동을 하자는 사람들까지 그 수는 기하급수적으로 늘어났다. 이를 지켜보던 남극 사람들은 사태가 점점 심각해지자 긴급 회의를 열었다.

"여러분, 이것은 우리 남극의 명예가 달린 심각한 일입니다. 빙산은 우리에게 신과 같은 존재이며 남극의 상징입니다. 그런데 우리 빙산을 모욕하고 다니는 사람들이 있습니다. 처음에는 그냥 두려고 했으나 점점 일이 커져 더 이상 가만둘 수는 없습니다."

어르미 여왕은 단단히 화가 났다. 다른 대소 신료들도 흥분하였다.

"맞습니다. 어떤 사람인지는 모르겠으나 세계 모든 사람들이 드나드는 홈페이지에 그런 말도 안 되는 소리를 하다니요! 처벌합시다!"

"그래요! 분명 그 사람은 과학공화국 사람으로 가장한 우리의 적, 북극 스파이가 틀림없을 겁니다. 그를 빨리 심판해야 합니다."

"옳습니다."

"동의합니다."

남극 사람들의 분노는 극에 다다랐다. 어르미 여왕은 먼저 여행광 씨에게 기회를 주기 위해 전화를 했다.

"여보세요."

"여행광 씨입니까?"

"네, 누구시죠?"

"저는 남극의 여왕 어르미입니다. 당신이 우리나라 홈페이지에 불온한 글을 올렸더군요! 지금 당장 삭제한다면 이번만큼은 용서하겠습니다."

"네? 불온한 글? 빙산 이야기 말입니까? 사실이지 않습니까? 그렇게 평평한 빙산이 어떻게 빙산입니까? 그것 때문에 내 이미지가 얼마나 실추되었는데…… 아무튼 남극의 빙산은 빙산이 아닙니다."

"빙산은 우리의 자존심과도 같은 것입니다. 그러니 게시판의 글들은 모두 삭제해 주세요."

"싫습니다."

"정말 후회하지 않을 자신 있습니까? 마지막 기회입니다. 삭제하십시오!"

"후회 안 합니다. 당신들이나 괜한 사람한테 협박 그만하고 어서 '빙산'이라는 말이나 정정하죠!"

"으흠, 그렇다면 우리 남극에서는 당신을 고소할 수밖에 없군요."

"쳇! 마음대로 하쇼. 나야말로 당신 나라에 빙산이 있다는 말에 바보같이 속았단 말입니다. 그걸 보려고 그 먼 데까지 날아갔는데 알고 보니 빙산은커녕 그냥 얼음 덩어리일 뿐이었잖아요? 쳇! 당신들이 나를 고소한다면 나도 맞고소하겠습니다.”

　다음 날 어르미 여왕은 세계지구법정에 여행광 씨를 남극에 대한 명예 훼손으로 고소하였다. 그러자 여행광 씨도 그 다음 날 세계지구법정에 가서 남극을 사기 혐의로 고소했다.

북극의 빙산은 큰 빙산이 무너져서 불규칙하고 울퉁불퉁한 모양이고
남극의 빙산은 붕빙에서 떨어져 나온 것이라서 평평합니다.

여기는 지구법정

남극 빙산도 빙산일까요?
지구법정에서 알아봅시다.

 재판을 시작하겠습니다. 이거 명예 훼손
죄와 사기 죄의 대결이군요. 양측 변호사
의 변론을 들어 보고 판결을 내겠습니다.
여행광 씨의 변론을 맡은 지치 변호사가 먼저 변론하십시오.

 산은 우리 주위에서 흔히 볼 수 있습니다. 산의 모양이 어떻
습니까? 분명히 높고 불규칙하게 울퉁불퉁하지요. 북극의 빙
산을 보면 분명히 산의 모양을 띠고 있습니다. 하지만 남극의
빙산은 밥상으로 써도 될 만큼 평평한데 어떻게 빙산이라고
이름 붙일 수 있겠습니까? 얼음 평지라고 하는 게 낫겠습니
다. 하하하!

 그렇게 평평한가요? 그렇지만 북극의 빙산이 얼음으로 만들
어진 것처럼 남극의 빙산도 얼음으로 된 것 아닙니까?

 그거야…… 그렇지요…….

 그럼 다르다고 말하기도 힘들 것 같은데……. 아무튼 북극과
남극의 빙산이 확실히 다른지 알아봐야겠습니다. 남극의 어
르미 여왕측 변론을 맡은 어쓰 변호사의 변론을 들어 보겠습
니다.

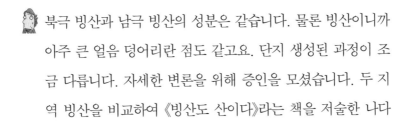북극 빙산과 남극 빙산의 성분은 같습니다. 물론 빙산이니까 아주 큰 얼음 덩어리란 점도 같고요. 단지 생성된 과정이 조금 다릅니다. 자세한 변론을 위해 증인을 모셨습니다. 두 지역 빙산을 비교하여 《빙산도 산이다》라는 책을 저술한 나다운님을 증인으로 요청합니다.

증인 요청을 허락합니다. 증인은 앞으로 나오세요.

 직접 저술한 책이 인기를 얻어 과학법정에 증인으로 의뢰까지 받은 저자는 환한 미소를 머금고 법정에 들어섰다. 그러나 곧 팽팽한 긴장감이 감도는 법정의 분위기를 느끼고는 조용히 증인석에 앉았다.

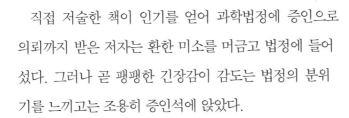 북극과 남극 모두에 빙산이 있습니까?

물론 있습니다. 두 지역 모두 상상을 초월할 만한 얼음 덩어리가 있지요. 우리는 그것을 빙산이라고 합니다.

빙산이 정확히 무엇이지요?

내륙의 빙하가 바다로 쏟아져 생긴 것 중에 해수면 위의 높이가 2m 이상인 것을 붕빙이라고 합니다. 붕빙 중에는 프랑스와 크기가 비슷한 것도 있는데 붕빙이 갈라지고 깨져서 빙산과 유빙이 되지요. 육지에서 쌓인 눈이 압력을 받아 단단한 얼음 덩어리로 변하면 빙하가 되는데 이 빙하가 중력에 의해 낮은 곳으로 이동하다가 바다를 만나 떨어져 나간 것을 빙산이라고 합니다. 그리고 빙산은 수면 아래에 있는 빙산의 비율이 더 큽니다.

북극과 남극의 빙산 모양이 많이 다르다고 하는데요. 어떻게 다른가요?

북극의 빙산은 큰 빙산이 무너져서 우리가 보는 산과 비슷하게 불규칙하고 울룩불룩한 모양이고 남극의 빙산은 붕빙에서 떨어져 나온 것이라서 평평합니다.

증인께서 설명해 주신 것을 바탕으로 정리하면 결국 두 빙산 모두 같은 종류의 빙산이고 생성 과정에서 약간의 차이 때문에 모양이 다른 거군요.

그렇지요. 사실상 모양이 다를 뿐이지 같은 얼음으로 이루어져 있다고 볼 수 있으니 크게 다른 것이 없습니다.

북극의 빙산은 빙산으로 인정하고 남극의 빙산은 산이라는 용어조차 사용하지 못하게 하는 것은 불공평한 대우입니다. 두 빙산이 거의 같다고 인정할 정도라면 두 지역 모두 빙산으로 인정해야 합니다.

두 변호사의 변론을 모두 들어 보았습니다. 같은 빙산을 보고 하나는 산과 비슷하게 생겼으니 빙산이 맞고, 다른 하나는 산과 다르게 생겼으니 산이 아니라고 한다면 공평한 대우가 아니겠지요. 북극과 마찬가지로 남극의 얼음 덩어리도 빙산으

로 인정해야 합니다. 이것으로 재판을 마치겠습니다.

재판 후 자신이 잘못했다는 것을 깨달은 여행광 씨는 남극 사람들에게 사과했다. 게시판에 올린 글도 말끔히 삭제한 후, 자신의 홈페이지에 남극의 빙산에 대해 친절하게 설명하고, 사진전에 출품까지 해 사람들로부터 좋은 호응을 받았다.

 붕빙

해면으로부터 높이 2m 이상의 표면이 평평한 지역을 말하며 선반 얼음이라고도 한다. 큰 것은 가장 자리에 튀어나온 부분에 있는데 이 부분이 떨어져 나오면 평평한 탁상 모양의 빙산이 만들어진다.

남극을 파괴한다고요?

남극의 얼음이 모두 녹으면 지구에는 어떤 변화가 생길까요?

모자라 씨는 세계에서 손꼽히는 부자였다. 하지만 워낙 지식이 모자라서 스스로 무식하다는 자격지심에 시달리곤 했다. 항상 어깨를 펴고 다니지 못했고, 사람들을 만나는 것조차도 견디기 힘들어했다.

그러던 어느 날, 재정적으로 어려움을 겪던 세계지구학회에서 후원을 요청해 왔다. 이익을 얻는 데 있어서는 남다른 수완을 가진 모자라 씨는 이것을 절호의 기회로 생각했다.

'좋아! 이번 기회에 나를 비웃는 사람들에게 뭔가 보여 줘야겠어!'

모자라 씨는 자신의 재산 중 반을 잘라 학회에 기부하겠다는 뜻을 비쳤다. 학회원들은 말할 수 없이 고마워했지만, 사실 모자라 씨의 속셈은 다른 곳에 있었다.

"내 재산의 절반을 기부하면 학회에서는 내게 무엇을 해 줄 수 있습니까?"

학회 부회장인 최 교수는 모자라 씨의 갑작스러운 물음에 어떻게 대답해야 할지 몰라 당황했다.

"네? 그…… 그게…… 명예 회원의 자격을……."

"뭐라고요? 명예 회원? 쳇! 내가 그런 거나 받으려고 어마어마한 재산을 주는 줄 압니까?"

"그럼……?"

"내가 세계지구학회의 학회장이 되겠소!"

"네? 그건……."

"싫으면 나도 내 재산을 한 푼도 기부할 수 없습니다. 이만 돌아가십시오!"

세계지구학회는 당장 돈이 없으면 학회 자체가 사라질 위기에 처해 있었다. 최 교수에게는 선택의 여지가 없었다. 일단 학회는 살리고 봐야 했다.

"아닙니다. 그 제안을 받아들이겠습니다."

"으흠, 그럼 오늘부터 나는 세계지구학회의 학회장입니다. 하하하!"

그것은 비극의 시작이었다. 그는 지구에 대해서는 전혀 지식이 없는 사람이었다. 사실상 지구뿐만 아니라 그의 이름이 보여 주듯이 상식조차 없는 사람이었다.

"학회장님! 이번 지구과학의 해를 맞아 뭔가 특별한 이벤트를 해야 할 것 같습니다."

그는 귀찮은 듯이 대충 대답했다.

"또 얼마가 필요한 거야?"

사실 그는 학회장이기는 하나 그가 하는 일이라고는 결제밖에 없었다.

"이번에는 학회장님도 함께 회의에 참석하셨으면 하는데……."

"귀찮아…… 알았어!"

다음 날 과학공화국에서는 세계지구학회 정기 세미나가 열렸다. 모자라 씨는 학회장 석에 앉아 졸음을 참느라 안간힘을 쓰고 있었다.

"학회장님!"

"으…… 응?"

"회장님! 이번 이벤트는 학회장님께서 직접 의견을 내 주셨으면 합니다."

모자라 씨는 흘린 침을 닦고 눈을 비비며 수많은 회원들 앞에 섰다.

'에잇! 그냥 돈이나 주면 되지…… 왜 이런 걸 시키고 난리야?'

"음……."

그는 마땅한 아이디어가 떠오르지 않았다. 등줄기에 식은땀이 흘렀다. 그런데 순간 남극이 떠올랐다.

"저기…… 으흠! 제 의견은 남극을 원폭으로 파괴하자는 것입니다. 어떻습니까? 아주 쇼킹한 이벤트가 되겠지요? 하하하!"

순간 회의장은 고요해졌다. 그런데 어디선가 그를 비웃는 소리가 들렸다.

"완전 바보 학회장이야. 흐흐흐……."

모자라 씨는 순간 얼굴이 빨개지며 화가 치밀어 올랐다. 자신의 기부금이 아니었다면 여기 앉아 있지도 못할 회원들이 자신을 비웃다니! 그는 괜한 오기가 생겼다.

"아무튼 이번 이벤트는 내 의견대로 무조건 추진하세요! 만약 내 의견을 무시한다면 나는 당장 내 재산을 몽땅 가지고 이 학회를 나갈 것입니다. 쳇!"

그는 발소리를 크게 내며 회의장 밖으로 나갔다. 회원들은 어쩔 줄 몰라 했다. 부회장은 마이크에 입을 대고 말했다.

"여러분…… 참으로 비참하지만 우리 학회가 유지되는 것은 다 학회장 덕분입니다. 그의 뜻을 따를 수밖에…… 다른 방법은 없습니다. 휴……."

현실적으로 그의 지원이 없으면 당장이라도 학회는 사라질 수밖에 없었다. 회원들은 모두들 한숨만 내쉬었다.

"이 사실을 다른 사람들이 알면 우리 학회를 정신이 이상한 학회라고 할 것입니다. 하지만 선택할 수 있는 것은 단 하나뿐입니다. 학회장의 말대로 남극을 원폭으로 파괴하는 것. 이 일은 비밀리에 추진하도록 합시다."

차마 학회가 없어지는 것을 볼 수 없었던 세계지구학회의 회원들은 말도 안 되는 일이라는 것을 알면서도 그 일을 할 수밖에 없었다. 다음 날 부회장은 학회장실로 찾아갔다.

"학회장님, 회장님의 뜻대로 그 일은 추진될 것입니다. 염려하지 마십시오."

등을 돌리고 앉았던 모자라 씨는 이내 뒤를 돌아보며 말했다.

"정말인가? 허허허! 부회장, 근데 내 아이디어 정말 신선하지? 완전 쇼킹하겠어! 하하하!"

"네……."

부회장은 당장이라도 학회장에게 말하고 싶었다.

'이 무식한 바보, 멍청이 학회장아!'

하지만 목까지 올라온 그 말을 차마 입 밖으로 내뱉을 수가 없었다. 꾹 참고 그는 학회장실을 나왔다.

드디어 그날이 다가왔다. 학회장은 회의장에 모습을 드러냈다.

"다들 잘 지냈습니까? 허허허! 오늘이 바로 내 뛰어난 아이디어가 빛을 발하는 역사적인 순간이군요. 준비는 다 되었습니까?"

회원들은 서로 눈치만 보았다. 학회장은 자신의 의견이 무시되지 않고 시행되었다는 것 자체만으로 싱글벙글 신이 나 있었다.

"학회장님 이제 5분 후면 남극이 폭파됩니다."

"좋아요, 아주 좋아요! 멋진 쇼를 볼 수 있겠군!"

그때였다. 경찰들이 회의장의 문을 박차고 들어왔다.

"당장 중지하십시오!"

회원들은 모두들 놀란 토끼눈을 하고 경찰들을 바라보았다. 부회장도 놀라 원폭 타이머를 정지시켰다. 그때 경찰들 사이로 한 여자가 걸어 나왔다.

"저는 지구지킴이학회의 학회장 장미인입니다."

학회장은 무식한 데다가 눈치까지 없었다.

"아이고~ 아리따운 분께서 여기는 무슨 일로? 아! 남극 원폭 쇼를 보러 오셨군요. 하하하! 제가 낸 아이디어입니다. 정말 신선하지 않습니까? 허허허!"

장미인 씨의 얼굴은 얼음보다도 더 차갑게 굳어 있었다. 상황 파악이 전혀 안 된 모자라 씨는 주위를 두리번거리며 의아해했다.

"당신이 이런 말도 안 되는 미친 짓을 주동한 사람이에요?"

"네?"

"이 미치광이를 당장 지구법정으로 끌고 가세요!"

경찰들은 모자라 씨의 양팔을 붙잡아 끌기 시작했다. 아직도 영문을 모르는 모자라 씨는 발버둥을 치며 소리를 질렀다.

"당신들 뭐야? 내가 누군 줄 알고 이렇게 함부로 대해? 다들 가만 안 두겠어!"

"모자라 씨, 정말 소문대로 왕무식하군요! 남극을 원폭으로 파괴하려고 하다니…… 당신이 얼마나 무서운 짓을 하려고 했는지 알아?"

모자라 씨는 어리둥절해서 부회장을 바라보았다. 부회장은 차마 학회장의 눈을 마주할 수 없었다. 장미인 씨는 마이크를 잡고 말했다.

"세계지구학회 회원들 모두 모자라 씨와 함께 지구법정에 고소하겠어요. 모자라 씨야 무식하니까 그럴 수 있다고 생각해요. 그런데 당신들은 모자라 씨의 돈 때문에 지구 전체를 위험에 빠뜨리려고 했어요. 모두 법정에서 봐요. 흥!"

다음 날 모자라 씨를 비롯한 세계지구학회의 모든 회원들은 지구법정에 서게 되었다.

남극에 있는 얼음은 지구 전체 얼음의 90%를 차지합니다.
이 얼음이 모두 녹으면 지구의 해수면이 70m나 올라가
20층 건물 높이까지 물에 잠기게 됩니다.

여기는 지구법정

남극이 파괴되면 지구 전체가
위험에 빠질까요?
지구법정에서 알아봅시다.

 재판을 시작하겠습니다. 지구의 종말이
눈앞에 다가왔다가 종이 한 장 차이로 스
쳐 지나간 듯 아찔한 사건이 있었군요. 이
사건은 그냥 지나칠 수 없는 중대한 사건인 만큼 법적인 절차
를 거쳐 그 죄를 엄중히 물을 것입니다. 먼저 피고측 변론하
십시오.

 남극을 폭발하는 이벤트라니 굉장하겠는데요. 그 파워가 엄
청나겠어요. 말 그대로 지구 전체의 이벤트가 될 뻔했군요.

 지금 무슨 말을 하는 겁니까? 지구가 종말할 뻔했다는데 농
담이 나옵니까?

 죄송합니다. 물론 지구를 구하는 게 백 배, 아니 천 배, 아니
만 배 더 중요하지요. 근데 왜 지구가 없어지나요? 남극을 폭
발시키면 남극만 없어지는 거 아니에요?

 이런……. 저 무식한 학회장과 별반 다를 게 없군요. 나도 정
확히는 모릅니다만 남극을 폭발시키면 지구가 위험하지 않겠
어요? 이럴 게 아니라 남극을 폭발시키면 왜 지구가 위험해
지는지 정확한 이유를 알아봐야겠군요. 원고측 변호사가 똑

똑하니까 변론을 들어 보면 확실히 알 수 있을 겁니다. 원고 측 변호사 변론해 주십시오.

남극이 원자 폭탄으로 폭발한다는 상상만으로도 정말 아찔합니다. 그 뒤에 얼마나 끔찍한 일이 닥칠지는 생각도 하지 않으셨나 봅니다. 도대체 어떤 의도에서 그런 의견을 냈는지 직접 물어보도록 하겠습니다. 재판장님, 모자라 학회장을 증인으로 요청합니다.

모자라 학회장을 증인석으로요? 일단 인정하겠습니다. 모자라 씨는 증인석으로 나오십시오.

도대체 자신이 무엇을 잘못했는지도 모르고 법정에 앉아 있던 모자라 씨는 증인석까지 나오라는 소리를 듣고 이 상황이 너무도 맘에 들지 않았지만 어쩔 수 없이 증인석에 앉았다.

몇 가지 물어보겠습니다. 증인은 왜 남극을 원폭으로 파괴하자는 의견을 냈지요?

굉장히 쇼킹한 이벤트가 될 기라고 생각했습니다. 재미만을 위한 게 아니라 지구의 미래도 함께 생각한 거라고요.

어떤 미래를 말씀하시는 겁니까?

남극은 차가운 얼음으로 되어 있지요. 그리고 지구는 온난화 현상으로 조금씩 더워지고 있어요. 만약 원폭으로 얼음이 녹는다면 남극의 차가운 물이 흘러와 적도의 바다도 시원해지지 않겠어요? 나름대로 생각해서 의견을 말했는데 이렇게 고소까지 당하다니…… 전 억울하다고요.

 이것 보세요, 모자라 씨. 남극의 얼음이 다 녹으면 어떻게 되는지 알고 하는 말씀이세요? 남극의 얼음은 지구 얼음의 90%를 차지합니다. 원자 폭탄이 터지면 당연히 이 얼음들은 모두 녹을 것이고 해수면은 70m나 상승한다고요. 해수면 70m 상승이 어느 정도인지 상상이 안 되는 분들도 많을 텐데요. 20층 건물은 기본적으로 잠기는 거니까 지구가 한순간에 물밑으로 가라앉는다고 봐야죠. 왜 원폭이 터지면 안 되는지 아시겠습니까?

 그 정도로 심각한 거였습니까?

 네, 증인도 목숨을 잃었을 겁니다. 이렇게 위험한 일을 알리지도 않고 단지 학회가 없어질 것이 두려워 모자라 씨의 요구를 들어 주다니…… 세계지구학회도 참 한심하군요. 지구가 멸망하는데 학회만 유지되면 뭐 합니까? 지구지킴이학회의 장미인 학회장이 모든 지구인을 살린 겁니다. 장미인 학회장에게는 공헌에 대한 상을 수여해야 합니다. 그리고 세계지구학회의 학회장을 비롯한 모든 회원들은 국민에게 사과문을 올리고 학회장을 다시 선출해야 합니다.

 원고측 변론을 다 들었군요. 정말 무시무시한 일이 일어날 뻔했습니다. 장미인 학회장에게 공헌상을 내리도록 하고 세계지구학회의 회원들은 홈페이지에 사과문을 올리도록 하세요. 또한 세계지구학회장을 다시 선출하고 선출 과정을 모두 공개하십시오. 그리고 세계지구학회 회원들의 교육 과정을 강화하십시오.

재판 후, 세계지구학회 회원들은 판결이니 어쩔 수 없다는 듯 다시 학회장을 선출했지만, 사실은 모자라 씨의 손에 학회가 좌지우지되지 않게 되어 너무나 기뻐했다. 결국 학회원 중 현명한 한 사람이 학회장으로 뽑혔고, 이번 사건으로 인해 과학의 신비를 알게 된 모자라 씨는 학회원으로 받아 달라고 요청하며 지구과학을 열심히 공부했다.

 북극과 남극의 차이

북극은 육지가 없이 북극해에 있는 여러 섬들로 이루어져 있지만 남극 대륙은 오스트레일리아 대륙의 1.5배나 되는 커다란 대륙으로 이루어져 있다. 남극이 북극보다 더 춥고 빙산의 모양 또한 북극은 뾰족하고 남극은 평평하다.

남극에는 눈이 안 온다면서요?

남극에 눈이 많이 오지 않는다는 것이 사실일까요?

못믿어 양과 믿어봐 군은 결혼을 앞둔 예비 신랑, 신부이다. 둘은 대학 시절에 친하게 지내던 친구였는데 결국 결혼을 준비하는 사이가 되었다. 그만큼 오래 사귀었고 서로를 많이 사랑하기 때문에 평생 한 번 있는 결혼은 잊지 못할 결혼식으로 만들고 싶었다.

"자기야, 우리 신혼여행은 남극으로 가고 싶어"

둘은 결혼식 계획은 모두 짰지만 아직 신혼여행은 어디로 갈지 정하지 않은 상황이었다. 그래서 좋은 곳을 알아보기 위해서 여행사로 가던 길에 못믿어 양이 말했다.

"남극?"

"응, 동화책에 나오는 그런 새하얀 세상을 보고 싶었어. 그리고 특히 우리 자기랑 보면 더 멋있을 것 같아."

"그래, 그럼 남극으로 가는 쪽으로 생각해 보자. 나야 자기와 함께라면 어디든지 상관없어."

"어머, 몰라몰라~."

둘은 닭살스러운 대화를 나누며 여행사에 도착했다. 여행사에서 가이드 역할을 하는 따라와 씨가 두 사람을 반갑게 맞았다.

"신혼여행은 어느 쪽으로 생각하고 계십니까? 아시아? 유럽?"

따라와 씨는 여러 관련 책자를 꺼내면서 물었다. 그때 믿어봐 군이 남극 얘기를 꺼냈다.

"저희는 남극 쪽으로 가고 싶은데요."

"아~ 남극이오. 그렇다면 잘 오셨어요. 저희 여행사에서 새로 선보이는 남극 신혼여행 이벤트가 있거든요. 어때요? 보시겠어요?"

"네!"

남극으로 가는 신혼여행 이벤트가 있다는 말에 못믿어 양은 크게 기뻐했다. 그리고 따라와 씨의 말을 들으면서 어떤 식으로 여행할 것인지에 대해 의논했다.

"이글루를 체험할 수 있는 것도 있고요, 개 썰매를 타고 남극을 구경하는 것도 있습니다."

개를 싫어하는 못믿어 양과 믿어봐 군은 마음이 내키지 않았다.

그때 따라와 씨가 야심차게 책자를 건네주며 말했다.

"그렇다면 비행기 투어 상품은 어떠세요? 비용을 아주 조금만 더 내시면 편안하게 비행기를 타면서 남극을 구경할 수 있어요."

"자기야, 어때? 하얀 세상 보고 싶어 했잖아. 비행기 타고 보면 더 멋있을 것 같은데?"

따라와 씨의 말을 듣고 솔깃해진 믿어봐 군이 말했다.

"하지만 남극에서 비행기를 타는 건 위험하지 않을까?"

못믿어 양이 믿어봐 군에게만 살짝 얘기하는 걸 들은 따라와 씨가 걱정 말라는 식으로 손을 내저으면서 말했다.

"걱정도 많으셔라. 남극에는 눈도 비도 오지 않아요. 안전합니다."

"정말 안전한가요?"

"속고만 사셨나요? 정말 안전합니다!"

못믿어 양은 고민이 됐다. 높이 떠 있는 비행기 안에서 내려다보면 정말 멋진 하얀 세상을 볼 수 있을 것이다. 하지만 남극에서 비행기를 탄다는 게 아무래도 불안했다. 고민하는 못믿어 양에게 믿어봐 군이 말했다.

"나랑 함께 있으면 어디라도 괜찮아. 우리 비행기 투어 하자."

손을 꼭 잡고 말하는 믿어봐 군의 듬직함에 못믿어 양은 결국 비행기 투어를 하기로 결정했다.

"정말 탁월한 선택을 하신 겁니다!"

따라와 씨는 계약서를 내밀었고 둘은 남극 비행 투어로 계약했다. 그리고 며칠 뒤 결혼식이 끝나고 드디어 둘만의 신혼여행을 떠나게 되었다. 가이드 따라와 씨의 말대로 남극에 도착하자 비행기가 준비되어 있었다. 둘은 남극에 대한 기대를 가득 품고서 비행기 안에 마련된 특별석에 앉았다.

"우리 잊지 못할 신혼여행이 될 거야. 자기와 하얀 세상을 보게 되어서 기뻐."

둘의 닭살스러운 대화는 남극의 얼음도 녹여 버릴 듯 비행기 안에서도 계속되었다. 드디어 비행기가 이륙하고, 어느 정도 시간이 지나자 듬성듬성 보이는 썰매 개들이 개미만 해 보일 정도로 높게 올라갔다. 둘은 손을 꼭 잡고 창밖을 보고 있었다.

"정말 남극은 눈으로 하얗네!"

눈으로 뒤덮인 남극을 내려다보며 못믿어 양은 기뻐하며 말했다. 그런데 그때 못믿어 양은 이상한 느낌을 받았다. 갑자기 비행기가 무거워지는 기분이 들었기 때문이었다.

"자기야, 비행기가 뭔가 무거워지지 않았어?"

"어? 난 잘 모르겠는데……."

대수롭지 않게 넘어가는 믿어봐 군의 반응에 못믿어 양은 다시 창밖으로 눈을 돌렸다. 그런데 갑자기 못믿어 양의 눈에 비행기 날개에 붙어 있는 얼음이 보였다.

"자기야, 저것 봐! 날개에 얼음이 붙어 있어. 그래서 무거워진 거였어!"

"정말 그러네? 이대로 둬도 되는 건가?"

바로 그때, 갑자기 비행기가 빠른 속도로 밑으로 추락했다. 믿어봐 군과 못믿어 양은 갑작스러운 추락에 소리를 지르며 서로의 손을 꼭 잡았다. 곧이어 툭 하는 큰 소리와 함께 비행기 전체가 흔들리면서 눈 더미에 착륙했다. 다행히 눈 속으로 떨어져서 비행기에 손상이 조금 갔을 뿐 사람들은 안전했다. 겨우 정신을 차린 두 사람은 놀란 마음을 쓸어내리며 서로의 안전을 챙겼다.

"괜찮은 거야? 아…… 우리 모두 다치지 않아서 다행이다."

"이게 뭐야, 비행기 투어 안전하다면서……."

"그러게 말이야. 이것 때문에 한 번뿐인 신혼여행도 다 망치고."

"그렇게 안전하다고 장담하더니…… 그 여행사 고소할 거야!"

남극의 구름은 영하의 온도에서 물방울로 존재하다가
비행기 같은 물체가 그 사이를 통과하면 이 물방울들이
비행기 몸체에 달라붙으면서 얼음 덩어리로 변합니다.

남극에는 눈이 안 올까요?
지구법정에서 알아봅시다.

 재판을 시작합니다. 먼저 피고측 변론하

세요.

 남극은 강수량이 아주 적어 눈이나 비가

잘 안 오지요. 그러니까 비행기에 이상이 생긴 건 눈 때문이

아니라 다른 천재지변 탓이 아닌가 생각합니다.

 어떤 천재지변이죠?

 글쎄요…… 그것까지는 잘 모르겠지만 우리가 과학으로 해

결할 수 없는 뭔가가 있겠지요.

 지금 그걸 변론이라고 하는 거요?

 아니면 말고요.

 에구, 원고측 변론하세요.

 남극 기후 연구소의 남기후 박사를 증인으로 요청합니다.

　2:8 가르마에 말끔한 정장 차림을 한 30대의 남자가

증인석으로 들어와 앉았다.

 증인이 하는 일은 뭐죠?

 남극의 기후에 대해 연구합니다.

 남극은 정말 눈이 별로 안 옵니까?

 네, 일 년 강수량이 사막 수준입니다. 다만 남극은 기온이 낮기 때문에 적은 양의 눈이 내려도 안 녹고 두텁게 쌓여서 얼음의 땅이 되는 거죠.

 그럼 이번 비행기 사고의 원인은 뭐죠?

 상고대입니다.

 그게 뭐죠?

 보통의 경우, 구름은 작은 물방울들이 떠 있는 곳이라 비행기가 쉽게 지나갈 수 있어요. 그런데 남극에서는 구름의 물방울들이 영하의 온도에서 물방울로 존재하고 있다가 이것이 공중에 떠 있는 다른 물체를 만나 얼어붙게 됩니다. 이것을 상고대라고 합니다. 그러니까 남극의 상고대는 투명한 얼음들이 둥둥 떠 있는 상태이기 때문에 비행기가 이곳을 지나가다가 날개에 얼음 덩어리들이 달라붙으면 위험할 수 있습니다.

 그렇다면 여행사에서 이런 위험을 알려 주지 않은 과실이 있군요.

 그럼 판결합니다. 여행사에서 상품을 판매할 때는 그 상품이 어떤 위험성이 있는지를 손님에게 정확하게 알려 주고 손님들이 원치 않을 경우에는 강요하지 말아야 합니다. 그러므로 이번 사건에서는 여행사의 과실이 인정됩니다.

재판이 끝난 후 여행사 측에서는 여행자들에게 모든 과실에 대
한 보상을 해 주었다. 그러나 한번뿐인 신혼여행을 망친 못믿어
양과 믿어봐 군은 아쉬운 마음에 다시 한 번 남극 여행을 가기로
했다. 개를 싫어해서 개 썰매를 타는 것은 꺼려했던 못믿어 양과
믿어봐 군도 막상 타 보고 재미를 느껴 여행 내내 개 썰매만 타고
다녔다.

 상고대

　　겨울 밤에 기온이 0℃ 이하일 때 대기 중에 있는 수증기가 액체 상태를 거치지 않고 바로 고체 상
태의 얼음이 되어 물체에 달라붙는 것을 말하는데, 나무 서리라고도 한다. 상고대는 땅바닥에 생기
는 서리보다는 좀 더 높은 나뭇가지 같은 곳에 생긴다.

초록색 빙산

초록빛을 띠는 빙산이 정말 있을까요?

사건속으로

남극 연구가 에스키무 씨는 혼자 남극 탐험을 하는 것이 평생의 꿈이었다. 매일같이 책상에 앉아 남극에 관련된 책, 사진 자료 등을 보며 연구만 한 지 올해로 10년이 되었다.

"도대체 언제쯤 남극에 갈 수 있을까?"

그가 남극에 가지 못하는 이유는 세계남극보호단체에서 남극 자원을 보호하기 위해 40년 전부터 남극 출입을 금지시켰기 때문이다. 당시 많은 사람들의 반발에도 불구하고 남극 살리기 운동이 실행돼 50년 동안은 절대 남극에 갈 수 없다는 법이 통과되었다.

그 법은 이제 10년 후면 사라질 것이다. 에스키무 씨는 남극 땅을 밟을 날만을 손꼽아 기다렸다.

"백문이 불여일견이라고…… 백날 사진만 보면 뭐 하나…… 직접 가서 한 번 본 것만 못한데…… 텔레비전이나 봐야겠다."

에스키무 씨는 소파에 앉아 리모컨을 눌렀다. 때마침 뉴스 속보가 시작됐다.

"웬 뉴스 속보야?"

"시청자 여러분 안녕하십니까? 뉴스 속보입니다. 남극을 꽁꽁 묶어 두었던 남극 출입 금지 법령이 오늘 그 자물쇠를 풀었다고 합니다. 그동안 남극학회의 반발이 거셌고, 환경 단체에서도 남극의 자연이 많이 회복되었다는 것을 인정하여 다음 달부터 누구나 남극 여행을 할 수 있게 됐습니다. 그동안 남극에 가고 싶어 하셨던 분들께는 아주 기쁜 소식이 아닐 수 없습니다."

아나운서의 말이 에스키무 씨의 귀에 닿자 순간 너무 기쁜 나머지 소리조차 지를 수 없었다.

"세상에…… 드디어! 드…… 드디어…… 야호!"

그는 소파 위에서 폴짝거리며 어린아이처럼 좋아하다가 당장 항공사로 전화했다.

"남극행 비행기표 예약해 주세요! 최대한 빠른 날짜로 해 주십시오. 하하하!"

"고객님, 죄송합니다. 남극행 표는 남극 출입 금지 법이 해제되자마자 많은 분들이 예매해 이미 두 달 동안의 비행기 좌석이 모두 매진되었습니다."

"네?"

오늘 저녁이라도 당장 떠나고 싶었던 터라 항공사 직원의 말은 너무 절망적이었다. 긴 세월을 꾹 참고 기다렸지만 두 달은 도저히 견딜 자신이 없었다. 마음 같아서는 걸어서라도, 헤엄을 쳐서라도 남극에 가고 싶었다. 에스키무 씨는 전화를 끊고 컴퓨터 앞에 앉았다.

'인터넷 장터에서 암표라도 팔 거야. 비싸기는 하겠지만 집을 팔아서라도 어떻게든지 나는 꼭 남극에 가야겠어!'

아니나 다를까 이러한 상황을 예측한 사람들이 비행기표를 미리 사 두었다가 비싼 값에 되팔고 있었다. 그런 표조차도 빠르게 판매되었다. 그중에서 원래 비행기표 값의 열 배를 받고 팔겠다는 사람이 있었다.

'비싸지만…… 남극에 갈 수만 있다면……'

그는 어렵게 표를 구하였다. 한 달 뒤에 출발하는 것이었다. 초등학교 때 학교 소풍 때문에 들뜬 어린아이처럼 여행 가방을 꼼꼼하게 챙겼다. 드디어 남극으로 떠나는 날. 사진기 두 개외 여분의 배터리를 챙기고 비행기에 올랐다.

"기다려라, 남극아! 내가 간다. 흐흐흐!"

남극에 도착하여 숨을 크게 마셨다.

'바로 이거야!'

도착한 날부터 피곤함은 싹 잊은 채 이리저리 돌아다니기 시작했다. 발은 퉁퉁 붓고 조금씩 얼어 갔지만 남극의 모습을 눈에 많이 담고, 더 많은 사진을 찍기 위하여 무리해서 걸어 다녔다. 식사도 거르고 늦은 밤이 돼서야 숙소로 돌아왔다.

"아이고, 다리야. 내일도 많이 돌아다녀야 하는데…… 빨리 자야겠다."

많이 피곤했는지 침대에 눕자마자 금방 곯아떨어졌다. 다음 날 눈을 뜨자마자 아침 식사를 먹는 둥 마는 둥 밖으로 나갔다. 한참을 돌아다니고 있을 때쯤 멀리서 신비롭게 빛나는 빙산이 보였다.

"저게 뭐지?"

그는 빛이 나는 곳으로 걸어갔다. 그것은 빙산이었다. 그런데 왠지 다른 빙산들과 달리 영롱한 빛깔을 띠고 있었다. 그의 손은 바빠지기 시작했다. 사진기로 수십 번 찍고 그것도 모자라 스케치를 하였다. 숙소로 돌아와 사진을 자세히 살펴보던 에스키무 씨는 빙산이 초록빛을 띠고 있다는 것을 깨달았다.

"이건 학회에도 보고되지 않은 것이 분명해! 당장 과학공화국으로 돌아가야겠어."

그는 바삐 짐을 챙겨 과학공화국으로 돌아왔다. 그리고 몇 달을 집에서 꼼짝하지 않고 논문을 쓰기 시작했다. 지난 10년 동안 그가 연구한 논문들은 번번이 학회에서 무시당해 왔다.

'남극에 한 번도 가 보지 못한 사람이 무슨 남극 연구 논문을 발표하겠다는 거야?'

학회의 반응은 이러했다. 열심히 연구를 해도 결코 인정을 받지 못했다. 사실 그의 논문은 읽어 보지도 않는 듯 보였다. 아마 바로 휴지통이나 종이 재활용통에 던져졌을지도 모른다. 에스키무 씨는 그동안의 서러움에 눈물을 뚝뚝 흘리며 논문을 써 내려 갔다.

"여보, 무슨 일 있었어요? 왜 그렇게 울면서……."

"아니야, 너무 좋아서 그래. 허허허!"

아내는 그가 울다가 웃다가 하는 모습을 보니 조금 걱정이 되었다. 게다가 논문을 쓰는 동안은 밥도 먹지 않고 화장실만 왔다 갔다 할 뿐 집 밖으로는 나가지도 않았다. 그렇게 6개월이라는 시간이 흘렀다. 새벽 2시, 모두가 잠든 시간에 에스키무 씨의 서재에서 괴성이 울렸다.

"아자! 아자!"

놀라 잠에서 깬 아내가 서재로 황급히 달려왔다.

"당신 왜 그래요? 갑자기 소리를……."

"여보! 드디어 내가 논문을 완성했어. 이번에는 절대 무시할 수 없을 거야. 흐흐흐!"

"소원 성취하셨네요. 내일 학회 모임 있죠? 가서 그동안 맺혔던 한 다 풀고 오세요."

아내도 덩달아 기뻐했다. 그동안 남편이 얼마나 힘들었는지 항상 곁에서 지켜보며 같이 가슴 아파했기 때문이다. 다음 날, 남극 학회의 정기 모임이 열렸다. 에스키무 씨는 논문을 들고 당당하게 회의장에 들어섰다.

"하하하! 여러분 제가 6개월 전, 남극에 가서 탐사를 하고 있던 중 아주 놀라운 것을 발견했습니다. 바로 이것입니다."

에스키무 씨는 사진 자료를 영사기를 통해 스크린에 비추었다. 사람들은 처음 보는 사진에 모두들 의아해했다.

"저게 뭐야?"

에스키무 씨는 사람들의 표정을 보고 뿌듯해졌다.

"여러분! 이것은 남극에 있는 초록 빛깔의 빙산입니다. 이 영롱한 빛이 매우 신비롭지 않습니까? 이것은 누구도 발견하지 못한 남극의 새로운 현상입니다. 저는 이 빙산을 보고 지난 6개월 동안 연구하고 논문을 만들었습니다."

그때였다. 학회장 아이스드라이 씨가 날카로운 눈빛으로 그를 향해 말했다.

"말도 안 돼! 저건 사진 조작입니다. 초록빛 빙산이라니, 그걸 지금 우리더러 믿으라는 겁니까? 쳇!"

에스키무 씨는 졸지에 사기꾼이 된 듯했다. 회원들은 학회장의 말을 듣고 웅성거리기 시작했다. 급기야 부회장까지 거들기 시작했다.

"학회장님의 말씀이 맞습니다. 저건 사진 조작입니다. 당장 에스키무 씨를 퇴출시켜서 우리 학회의 명예를 회복해야 합니다."

회원들은 모두 동요하기 시작했다. 에스키무 씨는 너무 황당했다. 남극의 혹한 속에서 고생하며 겨우 찾아 6개월 동안의 연구 끝에 만들어진 논문이 사기라니. 그는 눈물을 머금고 강단에서 내려와 지구법정으로 향했다.

'나를 모욕한 학회를 가만 둘 수 없어!'

에스키무 씨는 남극학회의 학회장과 부회장을 대표로 지구법정에 고소하였다.

물속에 잠긴 빙산의 아랫부분은 바닷물이 언 것입니다. 바다 속의 동물성 플랑크톤이 함께 얼어 초록색을 띠는 것이지요. 빙산이 바람과 파도에 깎이다가 균형을 잃고 아래위가 뒤집어지면 초록색 빙산이 물 위로 드러나게 됩니다.

초록색 빙산이 정말 있을까요?
지구법정에서 알아봅시다.

 재판을 시작하겠습니다. 남극의 빙산에
대한 논문이 사건의 발단이라고 들었습니
다. 어떻게 된 일인지 변론을 들어 보겠습
니다. 피고측 변론하세요.

 사진이나 텔레비전에서 종종 빙산을 보게 되는데, 누가 봐도
빙산은 흰색입니다. 어떻게 초록색 빙산이 있을 수 있다는 겁
니까? 요즘은 사진 조작 기술이 발달되었다고 하지만 논문까
지 조작을 한다는 건 너무한 것 아닙니까? 논문 조작은 자기
자신을 속이는 행위입니다. 에스키무 씨는 논문에 대한 욕심
을 버리세요.

 초록색 빙산이라…… 신기하긴 하군요. 원고는 본인의 의사
가 확고하여 학회장과 부학회장을 고소하고 자신의 결백을
밝히고자 한 거겠죠? 원고측 변론을 들어보겠습니다.

 빙산은 눈이 얼어서 된 얼음입니다. 눈 속에 다른 물질들이 들
어간다면 알록달록 무지개 색도 나올 수 있는 것 아닐까요?

 그럼 물감이라도 들어갔다는 건가요?

 물감은 아니지만 물감의 역할을 하는 천연 물감들이 들어갔지

요. 초록색 빙산이 실제로 존재하는지, 있다면 어떻게 만들어
지는지 등에 대해서 증인을 모시고 설명을 들어 보겠습니다.
빙산 조사단 대장 최고참 탐험팀장님이 자리해 주셨습니다.

 증인 요청을 받아들이겠습니다.

법정에 들어선 40대 초반의 남성은 몸집이 워낙 커서
사람들이 고개를 위로 젖혀서 쳐다볼 정도였다. 성큼성
큼 걷는 발걸음도 보통 사람의 2배가 넘는 보폭이었다.
그는 한 손에 크레파스를 한 통 들고 들어왔다.

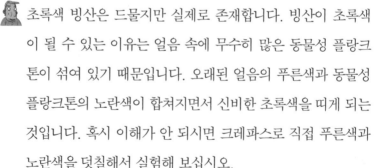

 빙산에 대해 몇 가지 여쭤 보겠습니다. 빙산은 어떤 색입니까?

 빙산은 대개 푸른빛이 감도는 은은한 흰색이거나 짙은 옥색
입니다.

 초록색의 빙산이 있을 수 있습니까?

 초록색 빙산은 드물지만 실제로 존재합니다. 빙산이 초록색
이 될 수 있는 이유는 얼음 속에 무수히 많은 동물성 플랑크
톤이 섞여 있기 때문입니다. 오래된 얼음의 푸른색과 동물성
플랑크톤의 노란색이 합쳐지면서 신비한 초록색을 띠게 되는
것입니다. 혹시 이해가 안 되시면 크레파스로 직접 푸른색과
노란색을 덧칠해서 실험해 보십시오.

 그럼 왜 우리는 초록색 빙산을 보기가 힘든 겁니까? 거의 본

적이 없기 때문에 사진 조작이라는 말까지 나오고 있습니다.

 초록색 빙산은 원래 물에 잠겨 있던 부분입니다. 빙산의 윗부분은 눈이 얼어붙은 것이고 아랫부분은 바닷물이 얼어붙은 것이지요. 바다가 얼면 바다 속의 동물성 플랑크톤이 함께 얼면서 얼음 속에 갇히는데 그 빙산이 바다를 떠다니며 바람과 파도에 깎이다가 균형을 잃고 뒤집어지면서 초록색이 물 위로 드러나게 되는 거지요. 하지만 빙산이 뒤집어질 확률은 겨우 1000분의 1이기 때문에 초록색 빙산을 구경하기가 매우 힘든 것입니다.

 초록색 빙산을 찍은 사진은 희귀한 거군요. 사진 조작이라는 누명을 씌워서 자칫 중요한 자료를 망칠 뻔했군요. 학회장님을 비롯한 회원들은 모두 원고에게 사진 조작이라는 누명을 씌운 점에 대해 사과할 것을 요구하며 중요한 자료를 무시했던 것도 반성해야 합니다.

 남극에 대한 좋은 자료를 가지고 온 원고에게 학회에서는 좋은 논문을 펴낼 수 있도록 지원해야겠습니다. 학회 회원들은 원고에게 미안한 마음을 전하도록 하십시오. 그리고 앞으로도 좋은 연구를 통해서 학회에 중요한 구성원이 되도록 노력해 주십시오.

재판이 끝난 후 학회원들은 에스키무 씨에게 미안한 마음을 전

했다. 에스키무 씨는 너그러운 마음으로 학회원들을 용서하고, 모
두 함께 초록색 빙산을 보러 가자고 제안했다.

플랑크톤

플랑크톤은 스스로 운동 능력이 없이 물에 떠다니는 작은 생물입니다. 그리스 말로 '방랑자'라는 뜻을
가지고 있습니다. 식물 플랑크톤과 동물 플랑크톤으로 나뉘는데 식물 플랑크톤의 수가 더 많습니다.

남극에서 해수욕이라니요?

추운 남극에서 해수욕을 할 수 있을까요?

사건속으로

펭귄여행사와 고래여행사는 남극 현지의 최고 라이벌 여행사이다. 펭귄여행사는 항상 톡톡 튀는 여행 상품으로 눈길을 끌었고, 고래여행사는 저렴한 가격으로 관광객들의 마음을 사로잡았다.

"고래여행사에서 이번 시즌에 어떤 계획을 가지고 있는지 알아내야겠어! 그 여행사는 도대체 땅을 파서 장사하니? 그렇게 싸게 여행 상품을 내놓으면 어쩌자는 거야? 쳇!"

펭귄여행사는 오늘도 열띤 회의를 하고 있었다.

"사장님! 제가 고래여행사에 스파이를 심어 놓았습니다. 하하하!"

"왕비열 대리! 역시 자네는 센스쟁이야!"

펭귄여행사 대표인 나놀부 씨는 어떠한 수단과 방법도 가리지 않고 매출 올리기에만 급급한 인물이었다. 그래서 여행 업계에서도 가장 문제가 많은 사장으로 낙인이 찍힌 처지다.

"아무튼 말이야 우리 펭귄여행사가 살아남는 일이라면 나는 무슨 일이라도 하는 사람이야! 내 성격 알지? 자네들도 모두 다 명심하라고! 우리가 남극의 1인자가 되기 위해서는 고래여행사를 어떻게든 무너뜨려야 해! 1등이 둘일 수는 없어!"

사장은 크게 호통을 치며 회의실을 나갔다. 왕비열 대리는 마치 그의 전용 비서라도 되는 듯이 그의 꽁무니를 졸졸 따라 나갔다. 직원들은 그의 눈빛에서 살기를 느꼈다. 공주아 사원은 사장의 발소리가 멀어지자 조용히 입을 열었다.

"정말 무서운 사람이야! 남극에 달랑 여행사 두 개밖에 없는데 그냥 사이좋게 지내면 좀 좋아? 내 친구가 고래여행사에 다니는데 같이 차 한 잔 마실 수가 없어. 지난번에 그 친구랑 얼음 카페에서 커피를 마시고 있었는데 비열 대리가 그걸 사장한테 말한 거야. 다음 날 사장이 긴급히 부르기에 무슨 일인가 했더니 글쎄, 고래 여행사 사람들이랑은 말도 섞지 말라고 하더라고……. 한 번만 더 만나서 얘기하면 회사에서 자르겠다고 협박까지 했어. 정말 너무 어이없지 않아? 월급이 많으니까 차마 그만둘 수도 없고 해서 여기 남아 있는 거지, 정말 저 사장 너무 싫어!"

도덕이 과장은 사원들을 둘러보며 말했다.

"아무튼 우리는 열심히 일만 하면 되니까 각자 맡은 일들이나 하자고! 내일까지 새로운 여행 상품 기획안 하나씩 작성해서 오라고! 오늘 회의는 여기서 마칩시다."

사원들은 모두 투덜거리며 자기 자리로 갔다. 매일같이 여행 상품을 계획해 봤자 사장은 구박만 하기 일쑤였다. 결국 휴지통에 들어갈 기획안을 매일 작성하는 것은 정말 곤욕이었다.

반면 고래여행사는 분위기가 매우 밝았다. 비록 규모는 작은 회사이지만 매출에서는 펭귄여행사 못지않았다. 사장 너홍부 씨는 항상 웃음을 띤 얼굴로 사원들의 복지에 힘썼다. 고래여행사의 회의 시간은 웃음이 끊이지 않았다.

"요즘 많이 바빠져서 고생이 많으시죠? 허허허, 여러분이 열심히 일하시는 덕분에 우리 고래여행사가 나날이 발전하고 있습니다. 정말 감사합니다."

너홍부 사장은 사원들과 일일이 악수를 하였다.

"사장님, 최고세요! 저희도 사장님같이 좋은 분이랑 일한다는 것 자체가 정말 행운이라고 생각하면서 일하고 있어요."

사원들은 모두 하나가 되어 박수를 쳤다. 그러나 그중에 박수를 치지 않는 사람이 있었으니 바로 펭귄여행사의 스파이인 김금자 씨였다.

'펭귄여행사와는 정말 다른 분위기라 적응하기 힘들군…… 쳇!'

"여러분! 이번 시즌을 맞이하여 새로운 여행 패키지를 준비했으면 하는데 신선한 아이디어 없나요?"

사원들은 모두들 곰곰이 생각하기 시작했다. 왕기발 부장이 손을 번쩍 들었다.

"사장님, 제 생각에는 이번 여행 상품은 저희 여행사 창립 10주년을 맞이해 아주 최저가로 만들었으면 합니다. 고객님들께서는 가격에 아주 민감하거든요. 펭귄여행사의 매출이 점점 떨어지는 것은 다름 아닌 비싼 요금 때문입니다. 저희 여행사의 강점은 저렴한 여행 요금입니다. 이번 기념 여행 상품은 거의 공짜라는 생각이 들 정도로 알차고 저렴하게 준비하면 될 것 같습니다. 예를 들면 한 사람의 비용으로 두 명이 여행할 수 있는 패키지를 만들면 연인들이나 부부 관광객이 많이 몰리지 않을까요?"

왕 부장의 말에 모두들 고개를 끄덕였다. 사장 역시 그의 생각에 동의하는 듯했다.

"왕기발 부장은 아주 기발해. 하하하!"

그때였다. 고엉뚱 씨가 오른손을 들었다.

"사장님! 남극에서의 해수욕 패키지는 어떨까요?"

"남극에서 해수욕? 엉뚱 씨는 아주 엉뚱해! 하하하!"

회의실의 분위기는 정말 화기애애했다. 고엉뚱 씨는 고래여행사의 분위기 메이커였다. 이번에도 엉뚱한 말로 딱딱한 회의 분위기를 녹였다. 펭귄여행사의 그것과는 아주 달랐다.

과학공화국
지구법정 6

"그럼 각자 여행 패키지를 알차게 구성해 보도록 합시다! 이번 주 안에 구체적인 기획서 제출해 주세요. 이상입니다. 오늘 하루도 즐겁고 행복하게 보내세요!"

"네!"

직원들은 모두 자신의 위치로 돌아가 일에 집중했다. 스파이 김금자 씨는 몰래 사무실에서 빠져나와 펭귄여행사로 들어갔다.

똑똑똑.

"사장님!"

그는 사장실로 조심스레 들어갔다.

"누구 본 사람은 없지?"

"네. 걱정하지 마십시오. 아무도 모르게 왔습니다."

"음…… 고래여행사에서는 이번 시즌에 어떤 상품을 내놓는 거야?"

"이번에도 가격으로 승부를 보려고 하는 것 같습니다."

"뭐? 싸구려 상품을 또 내놓겠다는 거야? 쳇!"

"하지만 고객들에게는 저렴하다는 것이 가장……."

"그렇다고 해서 우리도 가격을 내릴 수는 없어! 다른 기발한 생각 없었나?"

"저…… 하나 있기는 있었습니다."

사장은 기대에 가득 찬 눈빛으로 말했다.

"당장 말해 보게!"

"어떤 직원이 낸 의견인데…… 남극에서의 해수욕 패키지라고…… 특이하긴 한 것 같습니다만……."

잠시 생각에 빠진 나놀부 씨는 갑자기 손뼉을 치며 말했다.

"좋아, 바로 그거야! 하하하! 금자씨, 아주 수고했어. 하하하!"

나사장은 실성이라도 한 것처럼 웃어 대기 시작했다. 그리고 긴급 회의를 소집하였다.

"내가 아주 기발한 아이디어가 떠올랐어요! 음…… 이번 시즌의 핵심 상품은 '남극의 해수욕'이에요."

사원들은 모두들 의아한 표정으로 서로를 쳐다보았다. 그리고 소곤거리기 시작했다.

"사장이 드디어 미쳤나 봐…… 큭큭!"

사장은 회의 탁자를 치며 사원들을 집중시켰다.

"아주 파격적인 거라 다들 놀랐나 본데, 아무튼 '남극의 해수욕' 상품을 우리 홈페이지 메인에 올리라고. 하하하!"

나놀부 씨는 신이 나 덩실덩실 춤을 추며 사장실로 걸어갔다. 왕비열 대리는 다음 날 회사 홈페이지에 '남극의 해수욕'이라는 상품을 올렸다. 그런데 며칠 후, 사원들은 밀려드는 문의 전화에 정신없이 바빠졌다.

"이게 웬일이야? '남극의 해수욕' 대박이야!"

사장은 수많은 신청자 명단을 보며 뿌듯해했다. 이 사실은 고래 여행사에도 알려졌다.

"사장님! 펭귄여행사에서 '남극의 해수욕'이라는 패키지를 내놓았습니다. 이건 말도 안 됩니다. 아무래도 우리 회사 내부에 스파이가 있는 것 같습니다."

너흥부 씨는 의외로 느긋했다.

"사원들에게 신경 쓰지 말고 일하라고 하세요. 그리고 스파이가 좀 멍청한 스파인가 보군. 해수욕이라니…… 허허허! 왕 부장, 나와 함께 지구법정에 가야겠어."

"네?"

왕 부장은 여유로운 사장의 태도가 이해 가지 않았다.

"가 보면 알아. 허허허! 남극에서의 해수욕은 사기일세. 사기! 수많은 관광객들을 속인 희대의 사기 사건이 되겠어. 허허허!"

그날 너흥부 사장은 지구법정에 펭귄여행사를 사기죄로 고소하였다.

남극 대륙에는 디셉션이라는 화산섬이 있습니다. 화산에서 나오는 지열 때문에 근처 해안의 바닷물이 따뜻해져 해수욕을 할 수도 있습니다.

여기는 **지구법정**

남극에서 해수욕을 할 수 있을까요?
지구법정에서 알아봅시다.

 재판을 시작하겠습니다. 원고측 변호사
변론하십시오.

 판사님도 남극에서 수영을 한다고 상상해
보십시오. 아마 너무 추워 바다 속에 들어가자마자 심장 마비
가 오지 않으면 다행일 겁니다.

 원고측 변호사 끔찍한 말은 하지 마세요. 저 충격받습니다.

 그렇지요? 판사님도 충격받을 정도이지 않습니까?
그런데 펭귄여행사에서는 남극에서 해수욕을 한다고 광고하
고 있습니다. 이것은 분명 사기입니다. 이 상품으로 사람들을
모집한다고 해도 불가능한 일이기 때문에 더 큰 피해를 막기
위해 고래여행사 사장님이신 원고가 고소를 한 겁니다. 한시
라도 빨리 상품을 취소하고 신청받은 고객에게 사과를 해야
할 것입니다.

 남극에서 수영한다는 게 상상이 가진 않지만 어쨌든 피고측
의 변론을 들어 보고 판단을 해야겠지요. 피고측 변론하십
시오.

 남극이 춥다는 건 다들 압니다. 만약 남극에서 수영을 하는데

춥지 않다면 해수욕이 가능하겠지요?

춥지 않다면 어디서 수영을 해도 상관은 없지요. 남극해에 춥지 않은 곳도 있습니까?

물론 있습니다. 춥지 않은 곳이 아니라 따뜻하다고 하는 게 맞겠군요.

예? 정말 놀랄 만한 일이군요. 그곳이 남극 중에서 어딥니까?

남극에서도 수영이 가능한지를 물어보기 위해 남극탐험대 정탐정 팀장님께 문의를 드렸습니다. 팀장님의 답장이 팩스로 도착했습니다. 그럼 읽겠습니다. 남극에는 현재도 화산 활동이 활발하게 진행되고 있는 디셉션이란 섬이 있습니다. 그 근처의 해안에서는 화산으로 인한 지열의 영향으로 바닷물이 따뜻해져 해수욕을 즐길 수 있지요.

화산섬이 있단 말이에요? 남극은 얼음으로 이루어진 빙하 아닌가요?

남극에 빙하가 많은 건 사실입니다. 하지만 바닷물이 얼어서 만들어진 북극과는 달리 남극은 대륙 위에 눈이 내리고 쌓인 눈이 얼어서 빙하가 된 것이지요. 즉 남극은 대륙이기 때문에 화산이 있을 수 있습니다. 남극 대륙에는 활화산이 많으며 디셉션 섬은 1973년 12월에 분화하여 근처에 있는 기지에 피해를 주기도 했다는군요.

그렇다면 정말 '남극의 해수욕'이란 상품은 인기 짱이겠군

요. 그런데 여기서 짚고 넘어갈 점은 이 아이디어가 원래는
고래여행사의 것이라는 점입니다. 그러므로 남극 해수욕에
대한 권리는 고래여행사에게 있고, 다른 사람의 아이디어를
훔친 펭귄여행사는 일반 법정에서 처벌을 받는 것으로 판결
하겠습니다. 이것으로 이번 재판을 마치도록 하겠습니다.

일반 법정의 재판 후 아이디어를 돌려받
게 된 고래여행사는 원래 계획대로 남극 해
수욕의 아이템을 실행했다. 그러나 착한 너
흥부 사장은 펭귄여행사에도 남극 해수욕
아이템을 사용할 수 있게 해 주어 앙숙이던
펭귄여행사와 고래여행사는 사이좋게 지낼
수 있었다.

화산섬

바다 밑 화산의 분출로 바다 위
에 생긴 섬을 화산섬이라고 하는
데 하와이, 제주도, 울릉도 등이
그 예이다. 세계의 화산섬은 대
체로 환태평양 화산대, 히말라
야·알프스 화산대에 많이 분포
하고 남극 대륙 부근에도 화산섬
이 있다.

선글라스가 없으면 남극에 못 들어가나요?

남극에서 선글라스를 쓰는 이유는 무엇일까요?

SBC백화점에서는 개점 10주년 기념 경품 행사를 하고 있었다. 강복녀 씨는 오늘도 백화점에서 아이 쇼핑을 즐기고 있었다. 그녀는 정문에 놓여 있는 경품 응모함을 발견하고 직원에게 물었다.

"이게 뭐예요?"

"네, 고객님! 저희 SBC백화점이 올해로 개점 10주년을 맞이해서 준비한 고객 감사 경품 행사를 하고 있는데요, 당일 10달란 이상 구매하신 고객님께 응모권을 드리고 있습니다."

"10달란? 그렇게 많이 사야 하나? 쳇! 근데 경품이 뭐유?"

"1등에 당첨되시면 남극 여행 한 달 티켓을 드리고 있습니다. 개인 비용은 전혀 들지 않습니다. 몸만 가시면 되겠죠? 그리고 응모 횟수가 많을수록 당첨 확률은 더 높아지겠죠? 2등은······."

"잠깐!"

강복녀 씨는 직원의 말을 자르며 곰곰이 생각했다.

'남극?'

사실 며칠 전 옆집에 사는 이부자 씨가 남극에 다녀와 한껏 자랑을 늘어놓은 통에 질투도 나고, 자존심이 상해 있던 터였다.

"좋아, 아가씨! 이거 언제까지 하는 행사야?"

"오늘 하루만 하는 행사입니······."

강복녀 씨는 직원의 말이 채 끝나기도 전에 백화점 안으로 다시 들어갔다. 정신없이 옷과 신발 등 물건들을 사기 시작했다. 100달란이 넘게 쇼핑을 하고 나서 영수증을 들고 정문으로 나왔다.

"아가씨! 나 응모권 10장 줘요! 호호호!"

"네······? 네, 잠시만 기다려 주세요."

직원은 눈 깜짝할 사이에 100달란어치 쇼핑을 하고 돌아온 복녀 씨를 보고 놀랐다. 응모권을 주자 복녀 씨는 정성 들여 이름과 주소, 전화번호를 적었다.

'그래. 내가 아무리 구두쇠라도······ 100달란으로 남극 여행을 갈 수 있다면 완전 수지 맞는 장사 아냐? 호호호! 제발······ 제발!'

복녀 씨는 기도를 하며 응모함에 열 장을 차곡차곡 넣었다. 직원은 그런 복녀 씨를 한심한 눈빛으로 바라보았다.

'대단한 아줌마야. 차라리 그 돈 모아서 여행을 가고 말지. 쯧…… 경품이 뭔지…….'

"아가씨! 이거 추첨은 언제 해요?"

"내일 오후 6시에 공개 추첨합니다. 꼭 참석하셔야 해요! 불참하시면 다시 추첨해서 경품이 넘어가거든요."

"알았어요, 내일 올게요. 호호호!"

"예, 고객님. 안녕히 가십시오."

강복녀 씨는 집에 오는 내내 신이 나서 춤을 추는 듯 걸었다. 마치 이미 경품에 당첨된 것처럼 보였다. 집으로 돌아와 쇼핑한 물건들을 꺼내었다. 따스한 5월에 어울리지 않는 겨울 용품들이었다.

"호호호! 이거를 딱 입고 남극에 가면…… 호호호!"

복녀 씨는 혼자만의 상상에 푹 빠져 히죽거렸다. 그런 복녀 씨를 보는 남편 죄민수 씨는 고개를 흔들었다.

"도대체 또 무슨 물건을 이렇게 많이 사 왔어? 으이구…….."

"여보! 우리 남극 여행 갈까?"

"쯧쯧쯧! 이 사람…… 제정신이 아니야. 갑자기 웬 남극 타령이야?"

"내가 백화점 경품에 응모했는데…… 열 장이나 넣었거든? 왠지 당첨될 것 같아서! 호호호!"

"뭐? 경품 행사에 응모하려고 이 물건들을 산 거야? 그리고 당첨이 된 것도 아니고! 당첨될 것 같다고? 아유! 내가 못살아!"

민수 씨는 버럭 화를 내며 방으로 들어갔다. 하지만 복녀 씨는 내일 있을 추첨에 대한 기대로 가슴이 벅찼다. 드디어 다음 날. 강복녀 씨는 아침 일찍 백화점이 개점하기도 전에 문 앞에서 서성거렸다. 10시 30분이 되자 백화점의 문이 열렸다. 복녀 씨는 안내 데스크로 달려갔다.

"추첨 빨리 안 해요?"

"네? 아…… 고객님, 추첨은 6시에 합니다."

"왜 그렇게 늦게 해요? 빨리 좀 해요!"

"고객님, 어제 말씀드렸는데…… 6시에 공개 추첨한다고요. 조금 더 기다려 주세요."

강복녀 씨는 백화점 안에서 추첨을 할 때까지 계속 기다렸다.

"십, 구, 팔…… 삼, 이, 일! 땡!"

6시가 되자 정문에는 사람들이 가득 모였다. 응모함을 들고 정장을 입은 남자가 정문 앞 무대에 올랐다.

"고객 여러분! 지금부터 추첨을 시작하겠습니다. 자, 1등부터 바로 추첨할까요?"

"네~~!"

모여든 사람들은 마치 방청객처럼 동시에 대답했다. 그중에는 강복녀 씨도 있었다. 진행자는 응모함에 손을 넣어 응모권들을 휘젓기 시작했다. 그리고 하나의 응모권을 집어 들었다.

"자, 지금 제 손에 있습니다. 남극 여행 당첨자는…… 강복녀 씨입니다. 강복녀 씨! 이 자리에 계십니까? 30초 동안 나오지 않으시면 재추첨합니다.

강복녀 씨는 무대로 돌진하였다.

"여기요! 호호호!"

복녀 씨는 여행 티켓을 받아 들고는 곧장 집으로 돌아왔다. 남편 죄민수 씨도 갑작스러운 여행 소식에 당황했다.

"얼른! 우리 당장 떠나요, 호호!"

"참…… 세상 오래 살고 볼 일이네. 당신이 이런 운도 있고, 허허허!"

다음 날 복녀 씨 부부는 남극에 가기 위해 공항으로 갔다. 여행사에서 복녀 씨를 기다리고 있었다.

"강복녀 씨 부부! 오셨습니까?"

"네!"

"여기 비행기 티켓입니다. 남극에 도착하시면 현지 가이드가 나와 있을 테니 아무 걱정하지 마시고 잘 다녀오십시오!"

"네!"

복녀 씨는 정말 꿈만 같았다. 긴 비행 시간조차 조금도 지루하지 않다. 남극에 도착하자 키가 큰 남자 가이드가 부부를 맞이했다.

"강복녀 씨? 반갑습니다. 제가 두 분의 여행을 담당한 가이드입니다. 근데 선글라스는 가지고 오셨죠?"

"네?"

"선글라스 없이는 남극에 입국이 되지 않습니다."

"뭐라고요?"

강복녀 씨는 집에 고이 모셔 놓은 선글라스가 생각났다. 남극이라고 해서 추울 줄만 알았지 선글라스가 필요하다고는 전혀 생각하지 못했다.

"없어요! 그리고 더운 나라도 아니고, 이 추운 남극에서 웬 선글라스?"

"없으시면 구입을 하셔야 합니다."

가이드는 단호하게 말했다. 복녀 씨는 살짝 기가 죽어 말했다.

"네? 그냥 없이 가도 괜찮은데……."

"안 됩니다. 아예 입국 허가가 나지 않아서 이곳에서 한 발짝도 나갈 수 없어요!"

"아유……."

부부는 어찌할 바를 몰랐다. 사실 두 사람은 소문난 짠돌이, 짠순이 부부였다. 해외여행도 처음이었고, 경품이기 때문에 무료라고 생각하고 온 것이었다.

"얼마예요?"

"그게…… 미리 준비해 오셨으면 좋았을 텐데…… 여기는 선글라스가 매우 비쌉니다. 가장 싼 게 100달란이에요."

"100달란? 뭐가 그렇게 비싸요? 두 개 사면 비행기표 값보다 더 비싸잖아요! 살 수 없어요!"

"그럼 다시 한국으로 돌아가셔야 해요."

복녀 씨는 갈등에 빠졌다. 그냥 돌아가면 옆집 부자 씨가 놀려 댈 것은 불 보듯 뻔했다. 남극에 간다고 온갖 자랑은 다 했는데 이 제 와서 돌아갈 수는 없었다.

"좋아요. 일단 두 개 구입하도록 하죠!"

어쩔 수 없이 복녀 씨는 자신의 것과 남편 것 두 개의 선글라스 를 구입했다. 한 달 뒤, 귀국을 하자마자 복녀 씨는 SBC백화점으 로 갔다.

"이봐요!"

"고객님, 무슨 일이신지요?"

"당장 내 돈 환불해 줘요! 남극 여행을 공짜로 보내 준다더니, 선글라스 때문에 오히려 돈만 더 쓰고 왔다고요!"

"네? 선글라스요?"

"몸만 가면 된다고 했잖아요! 그런데 선글라스 없이는 입국이 되지 않는다고 해서 값비싼 선글라스를 두 개나 구입했어요! 그러 니까 선글라스 값은 줘야죠!"

"죄송하지만…… 그건 저희 책임이 아니죠. 그 선글라스는 고 객님이 사고 싶으셔서……."

"뭐? 그럼 지금 환불을 안 해 주겠다는 거야? 그렇다면 이 백화 점을 당장 지구법정에 고소하겠어! 쳇!"

남극을 덮고 있는 눈은 태양빛을 아주 잘 반사하여
사람의 눈에 강한 자극을 줍니다.

여기는 지구법정

남극에서는 왜 선글라스를 써야 할까요?
지구법정에서 알아봅시다.

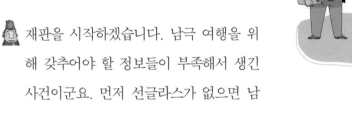

 재판을 시작하겠습니다. 남극 여행을 위해 갖추어야 할 정보들이 부족해서 생긴 사건이군요. 먼저 선글라스가 없으면 남극에 입국시키지 않는 이유를 알아봐야겠습니다. 원고측 변호사 변론하세요.

 남극은 적도처럼 해가 너무 뜨거워서 눈을 가리지 않고는 여행이 불가능한 곳이 아닙니다. 일년 내내 겨울인 지역이니까 선글라스보다 오히려 밍크 코트나 오리털 파카가 더 필요하다고 해야 하지 않을까요?

 원고측 변호사 말도 일리는 있군요.

 그럼요. 선글라스를 사지 않으면 입국이 불가능하다는 법은 당연히 폐지되어야 하며 국가적인 강매라고 봅니다. 그러므로 이에 합당한 보상을 해 주어야 합니다.

 원고측 변론 잘 들었습니다. 여행객들은 그런 법이 있는 이유를 이해할 수 없지만 입국하기 위해 어쩔 수 없이 선글라스를 구입한다는 거군요. 이번에는 피고측 변호사 변론하십시오.

여행을 하기 위해서는 여행하려는 나라의 환경이나 관습을

사전에 잘 파악해서 편안하고 안전한 여행을 하는 것이 제일 중요합니다. 남극은 그동안 사람들이 많이 가 보지 못한 곳이기 때문에 알려지지 않은 특이한 현상들이 많이 있습니다. 선글라스도 그런 현상 때문에 꼭 필요한 물건 중의 하나입니다.

 남극에서 선글라스가 꼭 필요하다고요? 그걸 어디에 쓴다는 겁니까?

 남극에서의 선글라스의 필요성에 대해 말씀해 주실 분을 모셨습니다. 얼마 전 〈남극 나라〉라는 논문을 발표하시고 남극 홍보로 바쁘게 활동하고 계시는 이글루 님을 증인으로 요청합니다.

 피고측 요청을 받아들이겠습니다. 증인은 증인석으로 나와 주십시오.

햇볕에 그을린 듯 검은 피부를 가진 40대 중반의 남자는 선글라스를 머리에 쓰고 증인석에 앉았다.

 요즘 남극 홍보로 바쁘게 지내신다고요? 증인도 머리에 선글라스를 착용하고 계시는데요. 남극에서 선글라스가 왜 필요합니까?

 남극에서 생활하거나 여행하는 사람들의 건강을 위해서 선글라스는 없어서는 안 될 필수품입니다.

 필수품이라고요? 그 정도로 중요하단 말씀이십니까? 좀 더 자세한 설명을 부탁드리겠습니다.

 선글라스가 필요한 이유를 두 가지 측면에서 말씀드리지요. 먼저 빛을 반사하는 능력을 알베도라고 하는데 남극은 눈으로 덮여 있고 눈은 빛을 아주 잘 반사하지요. 그래서 남극의 알베도는 80~90%나 됩니다. 이 수치는 태양빛을 직접 보는 것과 다름이 없습니다. 때문에 눈이 손상을 입을 수 있어서 선글라스를 쓰지 않으면 백내장, 녹내장에 걸릴 위험이 있습니다. 또 한 가지 중요한 이유는 남극 지역 대기의 오존층이 감소하여 자외선이 위험 수치에 도달하고 있다는 것입니다. 오존층은 15년 전에 비해 50% 이상 얇어진 상태라고 합니다. 이로 인해 피부암을 일으키고 식물들을 죽일 수 있는 위험한 자외선에 노출될 수 있으며, 심할 경우 5~7분 내에 피부를 태울 수 있다고 합니다. 이렇게 오존층이 감소하는 데에는 냉장고와 스프레이에 사용되는 프레온 가스에 포함된 염소 화합물이나 할론 가스의 브롬 화합물이 상당한 영향을 줍니다.

 오존층이 얇어지면 자외선에 더 많이 노출되겠군요. 자외선으로부터 보호할 수 있는 방법과 오존층 파괴를 막을 대안이 있습니까?

 오존의 파괴가 심한 지역에서는 자외선 차단 크림과 선글라스, 긴팔 옷, 모자 등을 착용해야 하고 궁극적인 해결책으로

는 프레온 가스를 대신할 대체 물질을 개발해야 합니다. 몇 가지 대체 물질들이 나오고는 있지만 프레온 가스보다 조금 나을 뿐 오존층이 파괴되지 않는 것은 아니기 때문에 연구는 계속되어야 합니다. 현재 세계적으로 오존층 보호 운동이 진행되고 있기는 하지만 아직도 어려운 상황입니다.

 남극 부근이 이렇게 위험한 곳이라는 것을 이제야 알았군요. 남극 여행을 준비하는 사람들은 꼭 알고 있어야 하는 중요한 정보가 되겠습니다. 원고가 선글라스를 착용하지 않았다면 실명의 위험이나 백내장, 녹내장에 노출될 뻔했다고 하니 100달란이 비싸다고 말할 수도 없겠네요.

 재판을 시작할 때는 선글라스의 필요성을 모르다가 이제는 선글라스가 생명의 은인이 된 것 같은 기분입니다. 오존층 보호 운동을 더욱 활발히 하여 지구의 생물들을 보호할 수 있도록 세계적, 국가적으로 지원을 아끼지 말아야겠습니다.

재판이 끝난 후 선글라스 착용이 대단히 중요했다는 것을 알게 된 강복녀 씨는 남극에 갔을 때 착용했던 선글라스를 신주 단지처럼 집에 고이 모셔 두고 가보로 물려 줄 것을 다짐했다.

남극의 자외선이 강한 이유

남극의 하늘에는 오존이 거의 없는, '오존 구멍'이라는 곳이 있다. 보통 자외선은 하늘에 있는 오존층에 의해 거의 대부분 흡수가 되지만 남극은 오존 구멍으로 강한 자외선이 내려오기 때문에 보안 안경을 쓰지 않으면 눈이 멀 수도 있다.

이글루에서는 어떻게 난방을 하죠?

얼음으로 지은 집 이글루, 너무 춥지 않을까요?

왕갑부 씨는 과학공화국에서 최고로 손꼽히는 부자이다. 30대의 나이에도 불구하고 나라 땅의 10분의 1이나 소유했을 뿐만 아니라 세계 곳곳에 별장도 가지고 있었다. 특히 그가 가장 아끼는 별장은 남극에 있는 이글루 별장이었다. 최고의 규모를 자랑하는 이글루 별장은 남극에 여행 간 사람들에게 유료로 관람하게 할 만큼 아름다웠다.

"갑부 씨! 요즘 날씨가 너무 더운 것 같아요. 숨쉬기도 힘드네……"

갑부 씨의 아리따운 여자 친구 나예뻐 씨가 이마에 흐르는 땀을 닦으며 말했다. 두 사람은 오랜만에 공원에서 데이트를 즐기는 중이었다. 사업을 하느라 항상 바빴던 왕갑부 씨는 예뻐 씨를 위하여 무언가 선물을 주고 싶었다.

"예뻐야!"

"네?"

"내가 선물을 준비했어!"

"선물이요? 저는 선물 같은 거 필요 없어요. 갑부 씨랑 이렇게 손잡고 데이트하는 게 제일 좋아요. 호호호!"

내숭 백 단의 그녀답게 눈웃음을 치며 말했다. 그런 그녀의 모습을 보며 왕갑부 씨는 사랑에 푹 빠졌다. 그녀에게는 무엇이든지 다 줄 수 있을 것 같았다. 완벽할 것 같은 갑부 씨에게도 단점이 있었다. 하나는 예쁜 여자에게 마음이 너무 약하다는 것이고, 다른 하나는 조금 엉뚱하게 무식하다는 것이었다.

"예뻐야! 이번 여름 너무 덥지?"

"네, 너무 더워요."

"그래서 널 위해 준비했어! 자!"

왕갑부 씨는 가방 안에서 비행기 티켓을 꺼내어 예뻐 씨의 손바닥에 쥐어 주었다.

"어머! 이게 뭐예요?"

"남극행 티켓이야. 그리고 이것도 받아!"

반짝거리는 금빛 열쇠였다.

"무슨 열쇠예요?"

"남극 이글루 별장 열쇠야. 이제 그 별장은 예뻐 거야! 하하하! 나의 마음이니까 받아 줘!"

"갑부 씨…… 아잉~ 몰라! 몰라!"

예뻐 씨는 하얀 손으로 갑부 씨의 가슴을 툭툭 치며 몸을 흔들었다. 예뻐 씨의 애교에 기분이 더 좋아진 갑부 씨는 싱글벙글 웃으며 말했다.

"예뻐야! 또 갖고 싶은 거 있으면 뭐든지 말만 해! 하하하!"

"아니에요. 이것도 너무 과분해요!"

"우리 내일 남극으로 여행 가자!"

"좋아요! 아이, 신난다."

갑부 씨는 비서에게 전화를 했다.

"김 비서. 지금 당장 별장지기한테 연락 좀 해! 내일 내가 중요한 손님이랑 갈 예정이니까 준비 좀 하라고 해! 그리고 내 스케줄은 다 취소하라고!"

다음 날, 왕갑부 씨는 여자 친구와 남극으로 떠나기 위해 공항으로 갔다. 나예뻐 씨는 한껏 멋을 부리고 왔다.

"갑부 씨…… 제가 몸이 좀 안 좋아서…… 화장도 못하고…… 옷도 제대로 못 입고 왔어요."

나예뻐 씨는 내숭 대회가 있다면 금메달감이었다. 긴 속눈썹을 깜빡이며 말하는 예뻐 씨를 바라보는 갑부 씨에게는 그녀가 너무나 청초해 보였다.

"예뻐는 화장을 안 해도 예쁘고, 아무거나 입어도 예뻐! 하하하! 어서 가자! 출발!"

갑부 씨는 그야말로 팔불출이었다. 둘은 남극에 도착해서 이곳저곳을 돌아다녔다.

"갑부 씨! 너무 추워요. 콜록콜록!"

"우리 예뻐는 정말 연약해. 감기 걸리기 전에 어서 별장으로 가자!"

갑부 씨의 무식함은 정말 끝이 없었다. 남극에서 감기라니! 두 사람은 이글루 별장에 도착했다. 별장지기 정씨가 문 앞에 마중 나와 있었다.

"사장님! 오셨습니까? 저녁을 준비해 놓았습니다."

"오랜만이군! 으흠. 예뻐야! 추우니까 어서 들어가자!"

집 안에 들어갔지만 밖과 별다를 것 없이 냉기가 가득했다.

"갑부 씨! 왜 이렇게 추워요? 얼어 죽을 것 같아요."

"그러게…… 이봐! 정씨!"

정씨는 부리나케 달려왔다.

"사상님! 부르셨습니까?"

"별장이 왜 이렇게 추운 거야?"

"그건……."

"내가 분명히 오늘 중요한 손님이랑 온다고 준비하라고 했을 텐데……."

왕갑부 씨는 화가 머리끝까지 치밀어 올랐다. 예뻐 씨가 덜덜 떨고 있는 모습이 마냥 안쓰럽고 미안했다.

"갑부 씨! 추워요. 콜록!"

예뻐 씨의 기침 소리에 갑부 씨는 가슴이 아팠다.

"예뻐야! 조금만 참아! 정씨! 당장 불을 때란 말이야!"

"사장님, 그럴 수 없습니다. 그건……."

"뭐라고? 그럴 수가 없어? 지금 내 명령에 반항하는 거야? 잘못을 했으면 죄송하다고 사과를 하고 빨리 불을 때야지! 자네는 내가 고용한 직원이고 나는 사장이야! 자네를 별장지기로 고용하고 내가 준 월급이 얼마인데? 당장 불을 때지 못해?"

"사장님, 여기 남극에서는……."

갑부 씨는 별장지기 정씨의 말을 계속해서 자르며 말했다.

"이 사람이! 더 이상 시끄럽게 굴지 말고 가서 불이나 때란 말이야! 이렇게 추운 곳에서 어떻게 지내? 나 없을 때는 실컷 따뜻하게 있었겠지! 나한테 무슨 불만이라도 있어? 그래서 나를 얼려 죽일 작정이야?"

별장지기 정씨는 한숨을 내쉬었다.

"어라? 이제는 내 앞에서 한숨까지 내쉬어? 못하겠다는 거야?"

예뻐 씨는 갑부 씨의 팔을 붙잡았다.

"갑부 씨. 화내지 말아요. 이분도 바쁜 일이 있으셨겠죠. 일부러 그랬겠어요? 아저씨, 빨리 따뜻하게 해 주세요! 사장님 정말 화나시면 어떡하려고 그러세요! 네? 그리고 너무 추워서 더는 못 참겠어요. 저도 막 화나려고 해요."

정씨는 어이가 없었다. 더 말을 해 봤자 입만 아플 노릇이었다.

'아주 무식한 커플이구먼…… 잘 어울려…….'

끄떡도 하지 않는 정씨를 보며 갑부 씨는 소리쳤다.

"내가 수많은 직원들을 거느려 봤지만 자네 같은 사람은 처음 보네. 지금까지 제대로 일도 안 하면서 돈만 받아 갔었군! 이제 내가 사실을 다 알게 된 이상 자네를 별장지기로 계속 고용할 수는 없어! 당장 내 별장에서 나가!"

"네? 사장님, 갑자기 해고를 하시면 저는 어떡합니까?"

"그거야 내가 알 바가 아니지. 쳇! 아무튼 내 별장에서 당장 나가 줘!"

"아무런 잘못 없이 이렇게 해고당할 수는 없습니다."

갑부 씨는 기가 차다는 듯 말했다.

"잘못이 없으시다?"

"네!"

"자네 정말 이런 식으로 할 거야? 나 왕집부야! 왕삽무!"

"압니다. 왕갑부 씨!"

"왕갑부…… 씨?"

"저를 해고하시지 않았습니까? 그럼 더 이상 사장님이 아니죠!

부당하게 저를 해고한 왕갑부 씨를 지구법정에 고소하겠습니다."

"고소? 마음대로 해! 쳇! 내가 눈 하나 깜짝할 것 같아?"

별장지기 정씨는 바로 그 길로 지구법정으로 가서 왕갑부 씨를 고소하였다.

이글루의 얼음벽은 공기를 많이 품고 있어서 실내와 밖의 공기가
서로 잘 전달되지 않습니다. 또한 이글루에서는 물을 뿌려서 난방을 하는데
물이 얼면서 방출되는 열을 이용하는 것입니다.

이글루의 난방 방법은 뭘까요?
지구법정에서 알아봅시다.

 재판을 시작하겠습니다. 원고가 피고의 강압적인 태도에 화가 나서 고소를 했군요. 변론을 들어 보면 쉽게 결론이 나겠습니다. 피고측 변호사 변론하십시오.

 피고는 별장의 사장입니다. 남극 여행을 떠나기 전날 준비를 하라고 했음에도 불구하고 원고는 이글루 별장에 난방 시설을 전혀 준비해 놓지 않았으며 게다가 불을 피워 줄 수 없다니 피고는 화가 날 수밖에 없지요. 부당한 해고라고 고소를 하다니 오히려 피고의 입장에서 더 황당합니다. 이 사건은 더이상 진행시킬 필요도 없을 것 같군요.

 이글루에 난방이라? 불을 피우면 이글루가 녹지 않을까요?

 음…… 그럴지도…… 그렇다면 이글루에 사는 사람들은 난방도 하지 않고 산단 말입니까? 그렇게 추운 곳에서 어떻게 산다는 건지…… 잉…….

 너무 고민하지 마세요. 그 점은 아마도 원고측 변론을 들어 보면 쉽게 알 수 있지 않을까 합니다. 원고측 변론해 주십시오.

 원고는 피고가 난방에 대한 불만을 말했을 때 난방에 대한 설

명을 하려고 했습니다. 그렇지만 피고는 막무가내로 불을 피워 달라면서 큰소리치고 원고의 말은 들어 보려고도 하지 않았습니다. 이글루에 불을 피우다니요? 이글루에는 난방을 하는 특수한 방법이 따로 있습니다.

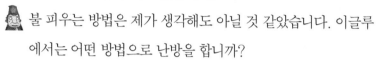 불 피우는 방법은 제가 생각해도 아닐 것 같았습니다. 이글루에서는 어떤 방법으로 난방을 합니까?

그럼요, 불 피우는 방법보다 더 좋은 방법이 있습니다. 남극 나라운동본부에 팩스를 보내 문의한 결과 답변이 방금 막 도착했습니다. 정리해서 말씀드리겠습니다.

눈 알갱이는 공기를 많이 지니고 있어서 열이 잘 전달되지 않습니다. 눈과 얼음으로 만든 이글루의 두터운 얼음벽도 열 전달을 막습니다. 그래서 영하 40℃인 차가운 바깥 공기를 차단해 25℃의 실내 온도를 유지할 수 있습니다. 눈이 덮인 보리밭에서 보리의 싹이 이불을 덮은 듯 따뜻하게 겨울을 지내는 것도 같은 이치입니다. 또한 에스키모들은 이글루에 물을 뿌려서 난방을 하는데, 물이 얼면서 많은 양의 열을 방출하기 때문에 방출 열로 실내 온도가 상승하게 됩니다. 호수 근처에 있는 마을은 호수가 얼면서 뿜어내는 열 덕분에 겨울에도 다른 지역보다 날씨가 따뜻하지요.

이글루에서는 불을 피우지 않고도 따뜻하게 지낼 수 있군요. 실내 온도가 25℃ 정도로 충분히 생활할 정도를 유지한다니 신기합니다. 피고가 원고의 말을 조금만 들어 주었다면 고소까지 당하지 않아도 될 뻔했습니다. 앞으로는 다른 사람의 말도 들을 줄 아는 배려심이 있는 사장님이 되었으면 합니다.

재판에서 자신의 잘못을 깨달은 왕갑부 씨는 정씨를 해고하지 않았다. 오히려 정씨에게 미안함을 표하며 진심으로 사과했다.

 이글루

이글루는 눈으로 만든 에스키모의 집을 말한다. 에스키모의 집에는 얼음과 눈을 이용한 집 외에도 돌이나 짐승의 가죽으로 만든 천막도 있다. 원래 이글루라는 말 자체는 이런 집 모두를 의미했지만 지금은 눈으로 만든 집만을 가리킨다.

감기약이 필요 없어요

추운 남극에서는 항상 감기를 달고 살지 않을까요?

"자~ 날이면 날마다 오는 게 아닙니다. 과학공화
국 주민 여러분, 잠깐 마을 회관 앞으로 모여 주십
시오."

고요한 남극의 과학공화국 마을에 요란한 목소리가 울려 퍼졌
다. 남극 과학공화국은 새로 만들어진 나라이다. 세계적으로 인구
가 많아지자 그 해결책으로 남극에 마을을 만든 것이다. 마을 사
람들은 각국에서 이주해 온 이민자들이었다. 하지만 워낙 세상과
동떨어져 있다 보니 생활이 무료한 면도 있었다. 조용했던 마을에
시끄러운 소리가 들리자 금세 사람들이 몰려들었다.

"뭐 하는 사람이야?"

"그러게…… 어찌나 목소리가 큰지…… 낮잠 자다가 깜짝 놀랐네."

마을 사람들은 무슨 일인지 궁금했다. 목소리의 주인공은 하얀 약통을 들고 있었다.

"여러분! 여기 이주해 온 지 얼마 안 되셨죠? 아주 많이 추우시죠?"

"네!"

꼬마 돌이가 큰 소리로 대답했다. 순박한 마을 사람들은 돌이의 대답에 수근거렸다.

"그러게 말이야. 한적하고 살기 좋다고 해서 오기는 왔는데…… 너무 추워……."

"그냥 전에 살던 나라로 돌아갈까 봐……."

"시설도 모자란 게 많고……."

사람들의 말대로 이 마을에는 아직 여러 가지 부족한 시설이 많았다. 약장사는 술렁이는 사람들을 보고 회심의 미소를 지었다.

'좋았어! 걸려들었어. 저 꼬마 녀석 덕분에 사람들이 술렁이기 시작했어. 하하하!'

"으흠, 여러분! 이렇게 추운 남극에서 병원도 몇 개 없는데 몸이라도 아프면 어떻게 합니까? 저는 여러분들의 건강이 걱정되어 이 먼 곳까지 찾아왔습니다. 다름이 아니라 제가 들고 있는 이 약이 바로 한 알만 먹으면 감기가 싹 도망가 버리는 약입니다. 현재 이 남극 과학공화국을 제외한 다른 나라에서 전 세계적으로 유명한 감기약입니다. 모든 병의 근원은 감기입니다. 꼬마야, 그렇지?"

"네!"

돌이는 뭐가 그리 신이 나는지 폴짝거리며 또 큰 소리로 대답했다. 마을 사람들은 약장사의 화려한 말솜씨에 홀려 저도 모르게 고개를 끄덕였다.

"사실 이 감기약이 아주 값비싼 약입니다. 돈이 많은 사람들도 사고 싶어도 못 사는 그런 약입니다."

마을 청년 회장 응삼이가 말했다.

"비싼 약이래. 우리는 더더욱 못 사겠지? 다들 그냥 집으로 돌아갑시다."

마을 사람들은 몸을 돌려 집으로 가려고 했다.

"여러분, 말을 끝까지 들으셔야죠! 왜 이렇게 성격들이 급하십니까? 제가 왜 이곳까지 왔느냐? 아까도 말했듯이 여러분의 건강을 위해서 왔습니다. 그런데 설마 이 약을 비싸게 팔겠습니까? 아니면 봉사하는 마음으로 원가 그대로 팔겠습니까? 원가의 100분의 1의 가격! 한 통에 10달란에 판매하겠습니다."

응삼이가 의심스러운 눈빛으로 말했다.

"그럼 한 통에 1000달란이라는 말입니까? 오메~ 비싼 것! 그걸 10달란에 팔다니…… 무슨 자선 사업가도 아니고…… 그거 가짜 아닙니까?"

약장사의 이마에서 식은땀이 뚝뚝 흘러내렸다.

'저 사람이 아까부터 내 계획을 방해하고 있어. 가만히 두면 안 되겠어.'

"저기…… 마을 이장이십니까?"

"마을 이장님은 무슨 회의가 있다고 해서 남극에 없습니다. 나는 우리 남극 과학공화국의 청년 회장입니다. 하하하!"

"아~ 어째 인물이 훤하시더라! 아주 정동건 저리 가라예요! 하하하!"

"제가 워낙 인물이 좀 됩니다. 하하하!"

"제가 마을 청년 회장님께는 특별히 무료로 한 통을 드리고 있습니다. 자, 이거 받으세요."

응삼이는 덥썩 약을 받아 챙겼다.

"이런 거 받아도 되는지 모르겠네. 부담스럽게 뭘…… 내가 공짜로 받아서 그러는 건 아니지만 이 약이 왠지 만병통치약인 거 같더라고!"

잘 생겼다는 소리에 기분이 좋아졌던 응삼이는 공짜 약까지 받자 마치 약장사의 조수가 된 것 같았다. 약장사보다 더 사람들을 부추기기 시작했다. 약장사는 응삼이를 보며 뿌듯해했다.

'내가 저럴 줄 알았지. 역시 공짜라면 양잿물도 마신다더니…… 바보 같은 청년 회장 덕분에 가만히 앉아서 돈 벌게 생겼

군. 흐흐흐!'

마을 사람들은 응삼이의 맞장구에 너나 할 것 없이 약을 사기 시작했다. 한 사람당 두세 통씩 사는 바람에 약장사가 준비해 온 약은 순식간에 모두 팔렸다. 사람들은 비싸고 귀한 약을 싼값에 판 약장사에게 고마워했다. 심지어 그날 저녁 응삼이는 자신의 집에서 저녁을 대접하고 잠자리까지 마련 해 주었다. 다음 날, 마을 이장이 돌아왔다. 마을의 총무는 이장에게 찾아가 약통 하나를 내밀었다.

"이장님! 제가 이장님 것도 하나 챙겼습니다. 이거 하나만 있으면 감기 걱정은 붙들어 매셔도 된답니다. 하하하!"

이장은 약통을 받아 들고 이리저리 살펴보았다. 하얀 약통에는 아무런 글씨도 쓰여 있지 않고 알약만 서른 알 정도 들어 있었다.

"이게 무슨 약이라고 했나?"

"감기약입니다."

"뭐라고? 이거 어디서 났어?"

"어제 이장님께서 회의하러 가 계신 동안 마을에 약장사가 왔습니다. 마을 사람들 대부분이 이 약을 몇 통씩 구입했습니다. 하하하! 저는 이장님 것까지 샀고요!"

"뭐? 그 약장사 지금 어디 있나?"

"아마 응삼이네 있을 겁니다. 근데 아침 일찍 간다고 하던데…… 아직까지 있을지는 모르겠습니다."

"이런…… 나쁜 놈!"

이장은 빠른 걸음으로 응삼이네 집으로 달려갔다. 약장사는 막 집을 나서기 위해 신발을 신고 있었다.

"이보게! 응삼이!"

"어이쿠! 이장님 언제 오셨습니까?"

"약장사 어디 있나?"

"여기 이분이 사장님입니다."

"사장님? 사기꾼이 아니고?"

"네? 이장님, 그게 무슨 실례되는 말씀이세요. 이분은……."

이장은 약장사의 손목을 꽉 잡고 응삼이의 말허리를 자르며 말했다.

"감히 우리 순박한 마을 사람들을 속여?"

"보아 하니 마을 이장님 같으신데…… 그게 무슨 말씀이십니까? 제가 마을 사람들을 속이다니!"

"당신이 감기약을 마을 사람들한테 몽땅 팔아먹었다며?"

"네, 마을 사람들의 건강을 위해서 헐값에 약을 판매했지요…… 뭐가 잘못됐습니까?"

응삼이는 발을 동동 구르며 말했다.

"이장님, 고마운 분한테 이게 무슨 짓입니까? 상을 줘도 모자랄 판에 이장님답지 않게 너무 무례한 행동이십니다. 사과하세요!"

"뭐라고? 이런……! 청년 회장부터 바보 같으니까 마을 사람들이 전부 이 사기꾼한테 속지. 이 사기꾼아! 당장 지구법정으로 가자! 내가 우리 남극 과학공화국을 대표해서 당신을 고소하겠어. 쳇!"

　이장은 약장사를 끌고 지구법정으로 갔다.

감기는 기온 차 때문이 아니라 감기 바이러스에 감염되어 걸립니다.
그런데 감기 바이러스는 남극처럼 온도가 아주 낮은 곳에서는 살지 못합니다.

남극에서는 감기에 안 걸릴까요?
지구법정에서 알아봅시다.

 재판을 시작하겠습니다. 약장사가 고소당한 사건이면 약이 문제가 있든지 아님 잘못된 약을 나쁜 의도로 판매했겠군요. 변론을 들어 보고 판단해야겠지요. 피고측 변론하세요.

 남극이 춥다는 사실은 누구나 알고 있겠지요. 우리나라도 추운 겨울에는 감기에 걸려 병원을 찾는 사람이 많아집니다. 심하게는 독감에 걸려 병원에 앓아눕는 사람도 있지요. 겨울이 되기 전에 독감 예방 접종을 맞는 사람들도 많다고 합니다. 하물며 우리나라보다 훨씬 추운 남극에서 감기에 걸리면 얼마나 아프겠어요? 약장사는 감기에 걸리는 걸 대비할 수 있도록 비상 감기약을 저렴하게 판매했는데 이장님은 화를 내면서 고소를 하시다니 정말 어리둥절한 상황입니다.

 추운 곳이니까 감기에 걸릴 걸 대비해서 감기약을 팔았단 말이죠? 다음은 원고측 변론을 들어 보겠습니다.

 남극에서 감기약이라니 정말 재미있군요! 하하하!

 무슨 말이죠? 뭐가 잘못됐나요?

 잘못돼도 한참 잘못됐습니다. 남극에서 감기에 걸릴 수 있는

지부터 알아봐야겠군요. 행복약국에서 25년째 약사로 계시는 안아파 약사님을 모시고 과연 남극에서 감기에 걸리는지에 대해 들어 보겠습니다.

 남극에서는 감기에 안 걸린다는 말 같군요. 일단 알겠습니다. 증인 요청을 인정합니다. 증인 앞으로 나오세요.

50대 초반으로 보이는 나이에 비해 고운 피부를 가진 여성이 안아파라는 명찰을 가슴에 새긴 하얀 가운을 입고 가벼운 미소를 띠며 자리에 앉았다.

 약국을 운영하시는 약사님께서 피고 같은 약장사를 보면 기분이 유쾌하지는 않으시겠습니다. 피고는 남극 과학공화국에서 감기약을 판매하다가 고소를 당했는데요, 남극에서 감기에 걸릴 수 있습니까?

 남극이나 북극에 대해 조금만 알면 감기에 걸리지 않는다는 것을 알 겁니다.

 극지방에서 감기에 걸리지 않는 이유는 뭡니까?

 보통 사람들은 추운 데 갔다가 갑자기 따뜻한 곳으로 오거나 또는 따뜻한 곳에 있다가 추운 곳에 갔을 때, 즉 기온 차가 많이 나는 곳으로 이동할 때 감기에 걸린다고 생각하지만 전혀 그렇지 않습니다. 감기는 바이러스 때문에 걸립니다. 홍역 같

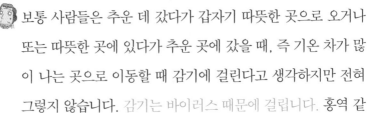

은 경우는 한 번 걸리면 그다음에는 잘 안 걸리거나 아예 안 걸리는데, 감기는 일 년에 1~2번씩 걸리기도 하죠. 그건 감기의 돌연변이 바이러스가 생기기 쉽기 때문입니다. 이런 감기 바이러스가 생존할 수 있는 온도는 따로 있습니다. 그런데 남극은 엄청나게 춥기 때문에 감기 바이러스가 생존할 수가 없지요. 그래서 감기에 걸리지 않는 것입니다.

그렇군요. 남극 과학공화국 사람들이 새로운 환경에 대해 잘 모르는 점을 이용해서 필요하지도 않은 감기약을 판매한 거군요. 약장사는 남극 과학공화국 사람들을 속인 죄값을 받아야 합니다. 그리고 감기약 값에 대해 전부 배상할 것을 요구합니다.

다른 사람들을 속여서 정당하지 못한 방법으로 돈을 벌려고 하면 벌을 받게 마련이지요. 마을 사람들을 속여서 번 돈의 두 배를 배상하십시오. 그리고 앞으로 10년 동안은 약장사를 하지 못합니다. 마을 주민들께서는 이주한 지 얼마 안 돼서 많은 것이 생소하고 낯설겠지만 하루 빨리 적응하고 남극의 특성을 파악해서 잘 정착하길 바랍니다. 이것으로 재판을 마치겠습니다.

결국 약장사는 자신이 판매했던 감기약을 모두 수거하고 판매했던 사람들에게 두 배로 배상해 주었다. 약장수에게 속았던 마을 사람들은 남극에 살면서 남극에 대해 모른다는 것은 수치라며 마을 회관에 모여 하루에 한 시간씩 남극에 대한 공부를 했다.

 남극이나 북극이 추운 이유

태양의 높이가 가장 높을 때를 남중이라고 하는데 북극이나 남극처럼 위도가 높은 지방은 태양이 남중일 때 높이가 낮기 때문에 땅에 도달하는 햇빛의 양이 적어 춥다. 반대로 적도 지방과 같은 위도가 낮은 지방에서는 태양이 남중일 때 높이가 높아 덥다.

남극에 지진이 일어났다고요?

남극도 대륙인데 지진이 일어나지 않을까요?

사건속으로

연애 소설을 주로 쓰는 겁많아 작가가 있었다. 겁많아 작가는 평소 연애 소설을 자주 읽으면서 자신의 작품을 구상했는데, 항상 뻔한 연애 소설 스토리에 지겨움을 느꼈다.

"하루 만나고 하루 헤어지고…… 너무 뻔해서 재미없는걸?"

그래서 겁많이 작가는 색다른 연애 소설을 식섭 쓰기로 했다. 며칠을 고심해서 만든 스토리는 〈러브 인 남극〉이었다. 아예 배경부터 낯선 곳으로 정해 남극에서 이루어지는 사랑 이야기를 글로 담을 생각이었다.

"좋아! 사람들의 흥미를 끄는 신선한 작품이 나올 거야!"

겁많아 씨는 바로 남극에서의 러브 스토리를 쓰기 시작했다. 하지만 큰 난관이 있었다. 바로 남극에 한 번도 가 본 적이 없어서 배경이 되는 남극에 대해서는 아무것도 쓸 수 없었던 것이다. 자료를 찾아보는 것에도 한계를 느낀 겁많아 씨는 큰 결정을 내리기로 했다.

"그래, 작품을 위해서 남극으로 가는 거야! 작가로서 이 정도의 용기는 있어야 해!"

겁많아 씨는 작품을 위해서라면 무엇이라도 하겠다는 의지로 남극에 가기로 했다. 그리고 가기 전에 남극의 작업실을 구할 수 있다는 부동산에 갔다. 괜히 가서 작업실을 구하지 못하면 오지도 가지도 못하는 상황이 될 것 같아서 되도록 여기서 작업실을 구해서 가고 싶었다.

"여기가 남극까지 집을 볼 수 있다는 곳인가요?"

"네, 물론이죠. 어떻게 오셨어요?"

부동산 업자 안심해 씨는 두고 있던 바둑판을 치우고 겁많아 씨를 소파에 앉혔다.

"남극에 작업실을 얻고 싶어서요."

"아, 남극에서 무슨 작업을 하시는데요?"

"가서 글을 쓸 게 있어서요. 그렇게 크지 않아도 돼요."

안심해 씨는 장부를 이리저리 뒤지며 남극에 있는 작업실을 찾아보고 있었다. 그렇게 크지도 작지도 않은 데다가 조용하기까지 한 작업실을 찾아보느라 시간이 조금 걸리고 있었다. 그때 겁많아 씨가 작은 소리로 살짝 물었다.

"혹시, 남극에도 지진이 일어나나요?"

겁많아 씨는 평소 겁이 많은 사람이었다. 높은 곳을 두려워하는 고소 공포증도 있고, 귀신도 무서워했지만 겁많아 씨가 가장 무서워하는 것은 바로 땅이 흔들리는 것이었다. 그래서 작년에 일어난 아주 작은 지진에도 민감하게 반응해 가장 빨리 기상청에 연락했던 겁많아 씨였다.

"남극에 지진이요? 에이~ 안 일어나죠."

안심해 씨는 장부를 보던 눈을 겁많아 씨에게 옮기며 말했다.

"정말이요? 정말 지진 없죠?"

"안심하세요, 남극에는 지진이 안 일어납니다!"

호탕하게 웃으면서 얘기하는 안심해 씨의 말에 그동안 지진 걱정으로 구겨졌던 얼굴이 활짝 펴졌다.

"그럼 다행이네요. 계속 작업실 알아봐 주세요."

"아, 여기가 좋겠구먼. 비용도 그렇게 안 비싸고 평수도 알맞고!"

"네! 그럼 거기로 주세요!"

겁많아 씨는 지진이 일어나지 않는다는 말에 기분이 좋아져서 빨리 작업실을 계약해 버렸다. 얼마 뒤 겁많아 씨는 넉넉한 원고지와 펜만 들고 남극으로 떠났다. 가서 다른 일에 신경 쓰지 않고 겁많아 씨가 구상했던 연애 소설을 완벽하게 완성하고 싶었기 때문이었다. 혼자 남극으로 가는 것에 많은 용기가 필요했지만 멋진 소설을 쓰기 위해서라는 생각에 기쁘게 남극으로 갔다.

"여기가 바로 내 작업실이구나!"

작업실 겉은 남극답게 눈 모양으로 장식되어 있었지만 실내는 따뜻한, 남극에서는 최적의 작업실이었다. 그래서 겁많아 씨는 오길 잘했다며, 도착한 날부터 당장 〈러브 인 남극〉을 집필하기 시작했다. 가끔 남극에 대한 설명이 필요하면 직접 나가 관찰하면서 완성도 있는 소설을 쓰기 위해 노력했다. 그날도 겁많아 씨는 따뜻한 히터 앞에서 소설을 쓰고 있었다.

덜커덩.

갑자기 책상 위에 올려놓았던 따뜻한 코코아가 담긴 컵이 움직이며 소리를 냈다. 그리고 그 컵보다 먼저 땅이 흔들린 것을 알아챈 겁많아 씨는 놀라서 꼼짝 않고 가만히 있었다.

"여기는 지진이 없다면서 왜 땅이 흔들리는 거야?"

무서워서 한 발짝도 움직이지 못하고 중얼거리기만 할 뿐이었다. 그런데 그때 다시 한 번 바닥이 흔들렸다. 지진이 났을 때는 책상 밑에 숨으라는 말이 기억난 겁많아 씨는 얼른 책상 밑으로 들어갔다. 시간이 어느 정도 흐르자 더 이상 바닥이 흔들리지 않았다.

"이곳에 있으면 언제 지진이 일어날지 몰라. 어서 돌아가야겠어."

바닥이 흔들리는 게 끝나자 정신을 차린 겁많아 씨는 〈러브 인 남극〉 작업을 중단하고 급하게 짐을 싸기 시작했다. 한 번 바닥이 흔들리는 것을 경험하자 더 이상 남극에 있을 수 없었기 때문이었다. 겁많아 씨는 얼른 집으로 돌아왔다. 그리고 도착하자마자 자신에게 남극에서는 지진이 일어나지 않는다고 했던 그 부동산 업자를 지구법정에 고소했다.

남극에서는 두꺼운 얼음이 지면을 고정시켜 지진을 잘 느낄 수 없습니다.
하지만 얼음층에 공간이 생기면 그 위의 얼음이 내려앉으면서
얼음 흔들림 현상이 일어나기도 합니다.

과학공화국
지구법정 6

남극에도 지진이 있을까요?
지구법정에서 알아봅시다.

 재판을 시작합니다. 먼저 원고측 변론하
세요.

 이 세상에 지진으로부터 안전한 곳이 어
디 있습니까? 우리가 사는 지각은 여러 개의 판 위에 붙어 있
고 이 판들은 맨틀 위를 움직이기 때문에 판과 판이 충돌하거
나 판과 판이 분리되면 지진이 일어날 수 있는 것입니다. 남
극도 판 위에 있을 테니 당연히 지진이 일어나겠죠. 그러니
남극은 지진이 전혀 일어나지 않는다고 주장한 부동산 업자
는 당연히 책임을 져야죠.

 피고측 변론하세요.

 지진연구소의 땅울림 박사를 증인으로 요청합니다.

힘찬 발걸음 소리를 내며 덩치가 몹시 큰 사나이가 증
인석으로 들어왔다.

 남극에는 지진이 일어나나요?

 우리가 흔히 알고 있는 의미의 지진은 남극에서는 잘 일어나

지 않습니다. 일어난다고 해도 보통 다른 대륙에 비하면 드물
게 일어나지요.

 그건 왜죠?

 남극 대륙 위에는 두꺼운 얼음이 있는데 이것이 지면을 잘 움
직이지 못하게 만들기 때문이지요.

 그럼 원고의 작업실은 왜 흔들렸죠?

 그건 얼음 흔들림 현상입니다.

 그게 뭐죠?

 말 그대로 얼음이 흔들리면서 진동하는 현상입니다. 마치 지
진처럼 말이지요.

 그런 현상은 왜 일어나는 거죠?

 빙하 속은 얼음의 층이 움직이기 때문에 서로 어긋나거나 하면
서 얼음 속에 빈 공간이 생기는 수가 있습니다. 그러면 그 위에
있던 얼음이 빈 공간을 내리누르면서 얼음이 흔들리게 되어 지
진처럼 바닥이 진동하는 현상을 경험하는 것이지요.

 어찌 되었건 지진은 아니라는 거군요.

 그렇습니다.

 이상입니다.

 판결합니다. 원고가 경험한 '지진'은 얼음 흔들림 현상이라는
것이 밝혀졌습니다. 그러나 남극이라고 해서 지진이 전혀 일
어나지 않는 것도 아니고 얼음 흔들림 현상까지 일어날 수 있

으니 부동산 업자는 이런 것들이 일어날 수 있다는 것을 미리 알려 줬어야 할 의무가 있다는 것이 본 재판부의 의견입니다.

재판이 끝난 후 겁많아 씨는 남극에 얻었던 작업실을 부동산 업자에게 되팔았다. 겁많아 씨에게 내심 미안한 마음이 들었던 부동산 업자는 바로 그 집을 다시 사 주었다. 그 후 겁많아 씨는 남극에서의 러브 스토리를 쓰려던 계획을 접고 이번에는 사막에서의 러브 스토리를 써 보고자 사막을 찾아 떠났다.

 남극 대륙

남극 대륙은 넓이가 1400km²이고 평균 고도가 2200m이다. 대부분이 눈과 얼음으로 덮여 있고 중심 부분의 일 년 평균 기온은 영하 55℃이며 대륙을 덮은 얼음의 두께는 4770m 정도이다.

얼음 폭탄 때문에 펭귄이 다쳤다고요?

추운 지방에서만 만들어지는 얼음 폭탄의 정체는 무엇일까요?

남극에 사는 왕깔끔 씨는 결벽증이 심한 여자였다. 그녀의 집은 온통 하얗게 꾸며져 있었다. 침대에서 식탁, 소파, 텔레비전, 책상 등 모든 것이 하얗게 빛났다. 그녀의 일상은 청소로 시작하여 청소로 끝이 났다.

"어머!"

깔끔 씨가 유난을 떨며 밖으로 나갔다. 옆집의 펭귄들이 그녀의 얼음 정원에 들어온 것이 분명했다.

"저리 가!"

깔끔 씨는 펭귄들을 쫓아냈다. 옆집에 사는 털털 씨는 자신의

펭귄들을 혐오스러운 벌레 보듯 하며 쫓아내는 깔끔 씨를 보자 화
가 났다.

"이봐요! 왕깔끔 여사! 지금 뭐 하는 겁니까?"

"잘 만났어요! 당신의 지저분한 펭귄들이 또 내 얼음 정원에 들
어왔어요. 당장 치워 주세요."

"치워 달라니! 우리 펭귄들이 무슨 물건입니까? 참나! 그리고
지저분하다니? 어디가 지저분하다는 거요? 결벽증 마녀 같으니
라고!"

"뭐라고요? 마녀? 당장 내 정원에서 나가요! 쳇!"

깔끔 씨는 홱 돌아서서 집으로 들어왔다.

'정말 지저분한 인간이야!'

"그래! 평생 그렇게 깔끔하게 살아라!"

털털 씨는 펭귄들을 데리고 집으로 돌아갔다. 깔끔 씨는 창문으
로 펭귄들이 돌아간 것을 확인하고, 나와서 그들이 서 있던 자리
를 청소하기 시작했다. 빛이 날 정도로 닦고 나서야 그녀는 만족
의 미소를 띠며 다시 집으로 들어왔다.

"이사를 가든지 해야겠어! 더러운 이웃이랑 살다가는 우리 집도
저렇게 지저분해질지 몰라."

털털 씨네 집은 깔끔 씨의 집과는 너무 달랐다. 먹다 만 음식들
이 널브러져 있고 물건들은 놓는 곳이 그 자리가 됐다.

"좀 지저분하면 어때? 편하게 살면 되지!"

털털 씨는 음악을 크게 틀었다. 아마 옆집의 왕깔끔 씨가 들으면 또 난리를 칠 것이 뻔했다.

띵동띵동!

"누구세요?"

"옆집이에요. 음악 소리 좀 줄여요. 시끄러워 죽겠어요."

"뭐라고요?"

털털 씨는 볼륨을 점점 높였다. 왕깔끔 씨는 문을 두드리고 소리를 치다가 이내 지쳐서 자신의 집으로 돌아갔다.

"흐흐흐, 저 결벽증 여자 골탕 먹이는 게 세상에서 가장 쉽고 재미있단 말이야! 또 뭐로 놀려 줄까?"

털털 씨는 작은 일에도 민감하게 반응하는 깔끔 씨가 재미있었다. 이번에도 깔끔 씨를 골려 줄 무언가를 꾸미고 있었다.

"그래, 좋았어. 나의 펭귄들에게 복수의 기회를 줘야지."

다음 날 털털 씨는 깔끔 씨가 청소에 푹 빠져 있는 틈을 타 펭귄 다섯 마리를 데리고 깔끔 씨의 집 앞에 갔다.

띵동띵동!

털털 씨는 초인종을 누르고 재빨리 집으로 돌아갔다.

"누구세요?"

왕깔끔 씨는 문을 열었다.

"으악!"

펭귄 다섯 마리가 갑자기 깔끔 씨의 집 안으로 들어왔다. 그리고 이곳저곳을 마구 돌아다니기 시작했다.

"당장 나가! 나가 버려!"

집안은 아수라장이 되어 가고 있었다.

"털털이…… 나쁜 놈!"

깔끔 씨는 당장 옆집으로 달려갔다. 얼굴이 빨갛게 상기되어 씩씩거리며 걸어오는 모습을 지켜보던 털털 씨는 태연하게 텔레비전을 보는 척했다.

"이봐요! 당장 당신 펭귄들 데려가요! 이게 무슨 짓이에요?"

"무슨 일입니까? 내 펭귄들이 또 뭐를 어쨌다는 겁니까?"

"당신이 한 짓이잖아?"

"뜬금없이 찾아와서 무슨 소리예요?"

"당신이 그런 거 아냐?"

"이보세요! 거 반말하지 맙시다."

"아무튼 얼른 펭귄들 데려가요. 당신 펭귄 다섯 마리가 지금 우리 집을 난장판으로 만들고 있어요."

"저더러 도와 달라는 겁니까? 그럼 정중하게 부탁을 하셔야지!"

"뭐라고요?"

"싫음 말고…… 빨리 나가 주세요. 나 텔레비전 봐야 해요."

"도와줘요."

"뭐 정 그렇게 부탁을 한다면……."

털털 씨는 생색을 내며 깔끔 씨네로 갔다. 펭귄들을 불러 모으고 집으로 데려왔다.

"고맙다는 인사 안 해요?"

"내가 왜요? 쳇!"

깔끔 씨는 톡 쏘듯 말하며 집으로 쏙 들어갔다. 아무튼 그녀를 골탕 먹이는 데 성공한 털털 씨는 신이 났다.

'왕깔끔! 한 번만 더 까불기만 해 봐라! 다음에는 펭귄 열 마리를 확 풀어 버릴 테니까! 하하하!'

집에 들어 온 깔끔 씨는 아무리 생각해도 털털 씨의 꾐에 빠진 것 같아 분했다. 그녀는 펭귄들이 어질러 놓은 집을 정리한 뒤 차를 마시며 마음을 안정시켰다. 하지만 도저히 안정이 되지 않았다.

"털털! 가만두지 않겠어! 부숴 버릴 거야!"

깔끔 씨는 복수의 칼날을 날카롭게 갈고 있었다. 다음 날, 펭귄들은 또 얼음 정원에 들어와 놀고 있었다. 화가 난 깔끔 씨는 펭귄들을 쫓아내려고 나갈 준비를 하였다. 그런데 깨끗해야 할 창문에 간밤에 내린 눈들이 붙어 있었다.

"어라? 나의 창문이 더럽혀졌네. 일단 이거 먼저 치우고 나가서 펭귄들을 쫓아내야겠다."

그녀는 주방에 가서 물을 뜨겁게 끓였다. 펄펄 끓은 물을 창문으로 가지고 와서 붓기 시작했다.

'요렇게 하면 눈이 깨끗하게 떨어지지롱~ 호호호!'

그런데 창문에 붙어 있던 눈이 떨어지면서 마치 얼음 폭탄처럼 변해 버렸다. 그리고 창문 근처에 있던 몇몇 펭귄들이 얼음에 맞아 몸을 다쳤다.

'어떻게…… 옆집 남자가 보면 난리를 칠 텐데…….'

집 밖으로 뛰어나온 깔끔 씨는 털털 씨의 집을 기웃거렸다. 다행히도 털털 씨는 집에 없었다.

'그래, 보는 사람도 없었고…… 크게 다친 것도 아닌데 그냥 펭귄들을 돌려보내야겠어.'

깔끔 씨는 펭귄들을 털털 씨네 정원으로 몰았다. 그리고 아무일도 없었다는 듯이 소파에 앉아 텔레비전을 보았다. 그런데 저녁 늦게 초인종이 울렸다.

띵동띵동!

"누구……."

털털 씨가 화가 잔뜩 난 얼굴로 서 있었다. 당황한 깔끔 씨는 머뭇거렸다. 그러자 털털 씨는 문을 세게 두드리며 말했다.

"왕깔끔 여사! 어서 문 여지! 얼른! 당장 문 안 열면 문 부숴 버릴 거야!"

깔끔 씨는 문을 조금 열고 고개를 살짝 내밀었다.

"무…… 무슨……."

털털 씨의 옆에는 낮에 다쳤던 펭귄들이 서 있었다.

"당신 짓이지?"

"무슨 일이에요?"

"시치미 뗄 생각은 아예 하지 마쇼! 이번에는 나 정말 화났으니까."

"펭귄들이 다쳤네요. 근데 왜 나한테 화풀이예요?"

"당신 정말 이럴 거야? 증인도 있어!"

"난 아니에요. 쳇!"

깔끔 씨는 황급히 문을 닫았다. 심장이 두근거렸다. 하지만 일부러 그런 것도 아니고 크게 다치지도 않은 것 같아 죄책감은 거의 없었다. 털털 씨는 예상보다 조용히 집으로 돌아갔다. 그러나 다음 날 우편물이 배달되었다.

"이게 뭐지?"

봉투를 열어 보자 이러한 내용이 적혀 있었다.

왕깔끔 씨! 지구법정입니다. 털털 씨께서 왕깔끔 씨를 펭귄 폭행죄로 고소하였습니다. 내일 오전 10시까지 지구법정으로 나와 주시기 바랍니다. - 지구법정

깔끔 씨의 손은 부들부들 떨려 왔다.

뜨거운 물이 갑자기 영하 50~60℃의 공기와 접촉하면 순간적으로
열을 잃으면서 수많은 얼음 알갱이로 변해 사방으로 강하게 튀어 나갑니다.

펭귄이 다친 이유는 뭘까요?
지구법정에서 알아봅시다.

 재판을 시작하겠습니다. 어라? 이번 사건은 폭행죄라니? 누가 흉기로 사람을 때리기라도 했습니까? 어서 변론을 들어 봐야겠군요. 원고측 변론하세요.

 원고의 펭귄들이 피고의 얼음 정원에서 부상을 당했습니다. 부상당한 펭귄들을 치료도 하지 않고 원고의 정원으로 데려다 놓은 피고에게 엄한 벌을 내려 주십시오. 피고는 펭귄들을 해친 일이 없다고 하지만 다친 펭귄들을 데려가는 모습을 본 증인도 있습니다. 증인을 요청합니다. 증인은 피고의 앞집에 사는 나펭순 씨입니다.

 본 사람이 있다고요? 증인 요청을 받아들이겠습니다.

핑글핑글 돌아가는 안경을 쓴 40대 중반의 여성은 불룩한 배를 안고 뒤뚱뒤뚱 걸어 나왔다.

 나펭순 씨, 피고가 자신의 얼음 정원에서 원고의 집으로 다친 펭귄들을 데려가는 것을 보았습니까?

 네, 보았습니다. 펭귄들이야 원래 뒤뚱거리기는 하지만, 그날 따라 심하게 뒤뚱거리더라고요. 무슨 일인가 보니 펭귄들이 신음 소리를 내지 않겠어요? 어찌나 놀랐던지…… 심하게 다친 것 같지는 않아서 나가 보지는 않았죠. 그런데 얼마 후에 털털 씨가 깔끔 씨 댁에 왔다가 돌아서는 얼굴이 굉장히 좋지 않았어요. 싸웠나 봐요.

 깔끔 씨가 펭귄이 다친 게 자기 잘못이 아니라고 오리발을 내밀어서 털털 씨의 얼굴이 좋지 않았겠군요. 증언해 주셔서 감사합니다. 증인의 말을 들어도 분명 피고는 원고의 펭귄을 해치고도 발뺌했습니다. 현재 원고는 자신의 펭귄들이 피고에게 폭행을 당한 것에 대한 심적 고통을 심하게 받은 상태입니다. 때문에 펭귄의 치료비와 원고에 대한 정신적 피해 보상을 요구합니다.

 피고는 절대 펭귄들에게 폭행을 가한 사실이 없습니다. 판사님 변론을 허락해 주십시오.

 폭행을 하지 않았다고요? 변론할 기회를 드리겠습니다.

 네, 고의적인 폭행은 가한 적이 없습니다.

 그렇다면 펭귄들을 다치게 하지 않았다는 겁니까?

 그건 아닙니다만 분명 펭귄들을 해치려고 한 적은 없습니다. 당시 상황을 설명하기 위해 피고를 직접 증인으로 세우고 싶습니다.

허락하겠습니다. 피고는 증인석으로 나오세요.

　팔다리를 부들부들 떨며 앉아 있던 왕깔끔 씨는 자리에서 일어나 고개를 숙이고 증인석으로 걸어 나왔다.

 그날 상황을 설명해 주시겠습니까?

 다른 날과 다름없이 그날도 털털 씨의 펭귄들이 제 얼음 정원에 들어와서 놀고 있었습니다. 얼음 정원이 더러워질까 봐 쫓아내려고 했죠. 나가려는데 간밤에 내린 눈으로 창문이 더럽혀져 있는 거예요. 물을 뜨겁게 끓여서 창문에 부었더니 창문에 붙어 있던 눈이 떨어지면서 마치 얼음 폭탄처럼 변해 버렸어요. 창문 근처에 있던 펭귄들은 얼음에 맞아 다치게 된 거고요. 절대로 제가 때린 게 아니라고요.

 잘 알겠습니다. 분명 피고는 원고의 펭귄에게 고의로 상처를 입힌 것이 아닙니다. 눈이 얼음 폭탄처럼 튀어서 펭귄이 다친 거지요. 그렇기 때문에 폭행으로 고소한 것을 취하해야 합니다.

 어쨌든 펭귄이 상처를 입었는데 모른 척한 건 잘못이군요. 그런데 얼음이 어떻게 폭탄처럼 튈 수 있죠?

 펄펄 끓던 물이 갑자기 영하 50~60°C의 공기와 접촉하면 순간적으로 열을 잃으면서 얼음으로 바뀝니다. 이때 물이 허공에

서 수많은 얼음 알갱이로 변하며 사방으로 강하게 튀기 때문에 마치 폭발처럼 보이게 되지요. 한겨울에도 기껏해야 영하 10°C 안팎인 곳에서는 절대 구경할 수 없는 신기한 현상이지요.

 눈이 얼음 폭탄이 되는 현상이라니 위험하지는 않을까요?

 이번 경우처럼 얼음 덩어리에 맞아서 다치는 경우도 있지만 성분은 물이 얼은 얼음이기 때문에 폭탄의 역할은 하지 않습니다. 피고가 펭귄을 해친 것이 아닌 것이 밝혀졌으니 피고의 폭행 사건은 취하해 주셨으면 합니다.

펭귄을 다치게 만든 것은 뜨거운 물과 눈이 만나 만들어진 얼음 폭탄이었군요. 폭행을 했다고 판단할 수는 없지만 펭귄이 다친 건 분명한 사실입니다. 그렇기 때문에 피고는 펭귄의 치료비를 지불하고 펭귄이 다친 것을 알고도 모른 척한 점에 대해 원고에게 사과해야 합니다. 원고는 펭귄의 부상이 폭행에 의한 것이 아니라는 사실을 알았으니 피고를 이해해 주기 바랍니다.

이후 깔끔 씨는 털털 씨의 펭귄을 다치게 했던 일에 대해 털털 씨에게 사과했다. 물론 펭귄의 치료비도 지불해 주었다. 그러자 털털 씨도 그간의 잘못을 사과했고, 펭귄이 깔끔 씨 집에 침입하지 못하도록 주의를 기울였다.

펭귄

펭귄과의 바다 새로 곧추 서서 걸으며 헤엄치기에 알맞게 날개가 지느러미 모양으로 변했다. 깃털은 짧고 온몸을 덮고 있으며 다른 새들에 비해 어깨뼈가 발달했다. 다른 새와 달리 뼈에 공기가 들어 있지 않아 잠수하는 데 편리한 구조를 갖추고 있다.

남극 대륙

남극 대륙은 면적 1361만 3000km²의 큰 대륙입니다. 이 크기는 오스트레일리아 땅의 2배에 약간 못 미치는 정도입니다. 이 거대한 대륙의 대부분이 두꺼운 얼음으로 뒤덮여 있는 것이지요. 이 때문에 그 밑에 있는 육지의 지형이나 지질에 대해서는 아직도 밝혀지지 않은 점들이 많습니다.

남극 대륙이 다른 대륙과 크게 다른 점 가운데 하나는 대륙 전체의 평균 높이가 2200m나 된다는 점입니다. 그 까닭은 육지 위에 덮여 있는 두꺼운 얼음층 때문인데, 이 얼음의 층은 곳에 따라서는 1000~2500m에 이르는 것도 있습니다.

남극 대륙의 기후

남극도 북극과 마찬가지로 일년 내내 기온이 낮습니다. 그러나 북극은 주위를 바다가 둘러싸고 있는 것에 비하여, 남극은 대륙 한복판에 있어서 두 곳은 약간 다른 기후를 나타냅니다. 남극은 북극보다 더 추워서 여름에도 최고 기온이 섭씨 0℃를 넘는 적이 없습니다. 더구나 남극 대륙 안쪽의 기온이 더욱 낮지요.

북극은 일년 내내 고기압에 덮여 있어 바람이 별로 불지 않지만, 남극은 기온이 낮은 대륙으로부터 해안 쪽을 향하여 강한 바람이 끊임없이 불기 때문에, 몹시 춥고 겨울에는 더욱 심합니다.

북극에 관한 사건

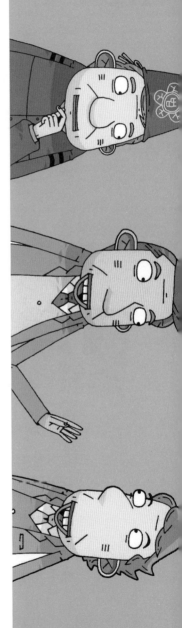

북극도 대륙으로 불러 주세요

북극을 북극 대륙이라고 부르지 않는 이유는 무엇일까요?

사건속으로

북극과 남극 사람들은 오래전부터 사이가 좋지 않았다. 북극은 가난한 민족이었고, 남극은 부유한 민족이었다. 북극 사람들의 말에 의하면 아주 먼 옛날 남극 사람들이 자신들의 재산과 가축들을 모두 다 빼앗아 갔다고 한다. 사실 남극 사람들은 북극 사람들을 얕보고 괄시하였다.

"북극 사람들은 촌스럽고 지저분해요. 우리 럭셔리한 남극 사람들과는 도저히 어울릴 수 없는 종족이에요."

하지만 북극 여자들은 매우 아름다웠다. 아마도 지구상에서 가장 예쁜 사람들일 것이다. 남극 남자들은 북극 여자들을 늘 이상

형으로 꼽아 왔다. 그러던 어느 날 남극 왕자 주뭉이 북극 왕자 영푸의 생일에 초대받아 왕 몰래 북극에 가게 되었다. 나라끼리는 사이가 좋지 못했지만 주뭉 왕자와 영푸 왕자는 어렸을 때부터 친하게 지낸 죽마고우였다. 20년 전까지만 해도 두 나라의 관계는 극에 달하지 않았고 나름의 교류도 있었다. 주뭉 왕자는 오랜만에 북극에 오게 되었다. 두건으로 얼굴을 가리고 조심스럽게 다녔다. 그런데 궁으로 들어가는 길에 아리따운 여자를 보고 첫눈에 반하게 되었다.

"저렇게 눈부실 수가…… 천사가 있다면 저런 모습일 거야."

주뭉 왕자는 가던 길을 멈추고 그 여자를 쫓아갔다. 여자는 시장으로 들어갔다. 그리고 과일 가게에서 손님을 맞이하는 그녀를 보게 되었다.

"이야…… 예쁘다……."

그는 넋을 놓고 그녀를 바라보았다. 그리고 천천히 그녀에게 다가가 말을 걸었다.

"저기…… 안녕하세요?"

"손님! 어서 오세요~."

그녀의 미소는 싱그러운 사과보다도 더 싱그러웠다. 양 볼에 푹 패어 있는 보조개는 한층 그녀를 매력적으로 보이게 했다.

"이름이 뭐죠?"

"줄리예요. 근데 뭘 드릴까요? 오늘은……."

"저기 이건 비밀인데…… 저는 남극의 주뭉 왕자입니다. 당신을 보고 첫눈에 반했습니다."

"네? 남극 사람이오?"

놀란 줄리는 그만 큰 소리로 말을 했다. 그때였다. 마침 지나가던 병사가 그의 말을 듣게 되었다.

"남극 사람이다! 이 사람이 남극 사람이래요!"

사람들은 순식간에 몰려들었다. 주뭉 왕자를 가운데 두고 동그랗게 포위하였다.

"포악한 남극 사람이야!"

"어떻게 우리 북극에 들어온 거지? 무슨 짓을 하려고?"

"줄리를 납치하려고 했나 봐!"

사람들은 제멋대로 생각하고 결론을 내렸다. 주뭉 왕자는 꼼짝없이 북극 사람들에게 잡히고 말았다. 병사들은 그를 감옥으로 끌고 가 가두었다. 뒤늦게 영푸 왕자가 감옥에 갇힌 주뭉 왕자를 찾아갔다.

"주뭉아! 어떻게 된 거야?"

"네 생일 파티에 오려다가…… 사람들에게 들켰어. 나 좀 살려 줘. 아바마마도 내가 여기 온 사실을 모르셔. 아시면 정말 큰일이야."

"걱정하지 마. 내가 아바마마한테 잘 말해서 곧 풀어 줄게. 기다려!"

영푸 왕자는 어떻게 해서든지 주몽 왕자를 탈출시키려 했다. 하지만 병사들이 감옥을 철통같이 지키고 있어서 달리 방법이 없었다. 한편 북극의 왕은 이 사실을 알게 되었다.

"뭐라고? 남극 왕자가 우리나라에 몰래 들어왔다고? 그래서 잡았나?"

"아바마마, 주몽 왕자는 적대국의 왕자이기 전에 저의 오랜 친구입니다. 아바마마께서도 어렸을 때 주몽 왕자를 귀여워하지 않으셨습니까? 제발 주몽 왕자를 풀어 주십시오."

영푸 왕자는 왕 앞에 무릎을 꿇고 애원했다. 그때였다. 신하들이 왕에게 다가왔다.

"폐하, 주몽 왕자의 소식을 들으셨습니까?"

"좀 전에 들었네. 그 녀석이 철딱서니 없이 영푸의 생일 파티에 왔더군. 두 나라 사이에 이미 금이 갔는데 겁도 없이 넘어오다니……."

"폐하, 저에게 좋은 생각이 있습니다."

꾀가 많은 비열한 신하가 왕에게 말했다. 영푸는 항상 그의 눈빛이 마음에 걸렸다.

"주몽 왕자를 볼모로 하여 남극에 협상을 제안하는 것입니다."

"협상?"

"네, 우리 북극 에스키모 사람들을 사사건건 무시하는 남극 사람들에게 이번 기회에 우리 북극을 북극 대륙으로 부르도록 하는 것입니다. 왕자가 우리에게 볼모로 잡혀 있으니 쉽게 제안을 거절하지는 못할 것입니다."

"음…… 그거 좋은 생각이군. 우리도 북극 대륙으로 불려지면 남극 대륙과 동급이 되는 거니까 더 이상 우리를 무시할 수 없을 거야, 하하하! 하지만 영푸 왕자의 친구를 볼모로 하는 건 좀 걸리는데……."

들고 있던 영푸 왕자는 벌떡 일어나 말했다.

"아바마마! 말도 안 됩니다. 저의 친구를 어떻게 볼모로…… 비열한 신하의 말씀을 들으시면 안 됩니다."

이에 질세라 비열한 신하는 더 단호하게 말했다.

"폐하, 이 일은 이성적으로 처리하셔야 합니다. 감정적으로 일을 처리하시다가는…… 지금 감옥에 갇힌 주뭉 왕자는 단지 우리에게 볼모일 뿐입니다. 굴러 들어온 복이죠! 하하하!"

신하의 말은 정말 그럴듯했다. 왕은 영푸 왕자의 거센 반대에도 불구하고 고민 끝에 나라의 이익을 위하여 결정을 내렸다. 먼저 남극의 왕에게 주뭉 왕자가 자신의 궁 감옥에 잡혀 있다는 사실을 서신을 통하여 알렸다. 그리고 협상을 제안할 테니 조만간 만나자고 하였다. 남극의 왕은 매우 분노하였다.

"이 녀석! 거기가 어디라고 함부로 허락도 없이 넘어가! 이런……."

왕은 자신의 허락도 없이 위험한 북극으로 몰래 간 주뭉 왕자의 행동에 화가 났지만 그보다 아들의 안전이 걱정되었다. 차디찬 감옥의 바닥에 있을 주뭉 왕자를 생각하니 협상을 안 할 수가 없었다. 다음 날 북극의 왕과 몇 명의 호위 병사들이 남극으로 왔다.

"허허허! 그동안 잘 지냈소?"

"시끄럽고, 당장 우리 아들을 돌려보내시오!"

"그냥 돌려보낼 수는 없지. 우리의 제안을 받아들인다면 모를까."

"제안? 지금 나를 협박하는 것이냐?"

"우리 북극을 이제부터 북극 대륙으로 부르시오. 남극 대륙처럼!"

"뭐라고?"

남극 왕은 북극 왕이 너무나도 괘씸하였다. 남극의 과학자들은 말도 안 되는 소리라며 제안을 받아들일 수 없다고 하였다.

"이봐, 북극! 그거는 절대 안 되지! 어서 우리 아들이나 돌려줘! 치사하게 볼모로 잡다니…… 역시 비열하고 지저분한 북극답군. 쳇!"

북극의 왕은 모욕을 받고 화가 나서 그냥 돌아가 버렸다.

"주뭉 왕자를 가만두지 않겠어!"

남극 왕은 북극 왕의 협박이 마음에 걸렸지만 차마 협상을 할 수는 없었다. 결국 터무니없는 제안을 한 북극을 지구법정에 고소하기로 결정하였다.

대륙이란 광대한 면적의 단단한 육지입니다. 하지만 북극은 '북극해' 라는 바다에서 바닷물이 얼어서 이루어진 거대한 얼음 덩어리이기 때문에 대륙으로 볼 수 없습니다.

북극은 대륙일까요?
지구법정에서 알아봅시다.

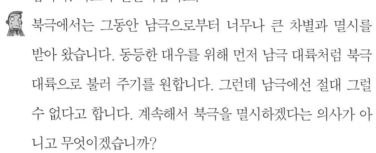

재판을 시작하겠습니다. 남극 왕자의 생명이 달린 중요한 사건입니다. 빨리 진행합시다. 피고측 변론하십시오.

북극에서는 그동안 남극으로부터 너무나 큰 차별과 멸시를 받아 왔습니다. 동등한 대우를 위해 먼저 남극 대륙처럼 북극 대륙으로 불러 주기를 원합니다. 그런데 남극에선 절대 그럴 수 없다고 합니다. 계속해서 북극을 멸시하겠다는 의사가 아니고 무엇이겠습니까?

판사님, 북극은 남극 왕자를 인질로 가두고 협박을 했습니다. 문제의 초점이 흐트러지면 안 됩니다. 남극 왕자의 목숨이 위태롭습니다.

피고측이 남극 왕자를 인질로 가두고 협박으로 문제를 해결하려고 한 것은 분명 큰 죄입니다.

동등한 대우만 받게 되고 북극을 대륙으로 인정한다면 남극 왕자를 보내 주려고 했습니다. 동등한 대우를 원한 게 잘못된 것은 아닙니다. 남극으로부터 제대로 된 대우를 받고 싶을 뿐입니다.

북극이 남극과 동등한 대우를 받을 권리는 있다고 봅니다. 남극이 북극을 대륙이라고 부르지 않는 이유가 무엇인지 들어봐야겠군요. 원고측의 변론을 들어 보겠습니다.

 남극 왕자는 북극 왕자와 오랜 친구로서 생일 초대를 받고 북극을 방문했습니다. 그런데 이렇게 가둬 놓고 인질로 삼으며 북극을 대륙으로 인정해 달라는 무리한 요구를 하고 있습니다. 더 이상 남극에서도 북극의 무례한 행동을 참을 수 없습니다. 북극의 야비한 행동에 중죄를 내려 주십시오.

 북극을 절대로 대륙이라고 부를 수 없는 이유가 있습니까?

 이건 남극의 인정만이 필요한 게 아닙니다. 만일 북극을 대륙이라고 부른다면 그건 세계적인 약속을 어기는 것입니다. 대륙이란 광대한 면적을 가진 단단한 육지를 말하는데 북극은 육지가 아니라 얼음이 얼어서 만들어진 지대입니다. 기후 조건이 남극보다 조금 더 따뜻해서 생물들이 더 많이 살기는 하지만 절대 대륙은 될 수 없습니다. 북극이 대륙이라면 전 세계의 국어사전에 대륙이란 용어의 뜻부터 몽땅 바꿔야 합니다.

 그럼 남극의 얼음 아래에는 땅이 있다는 겁니까? 어떻게 알 수 있나요?

남극은 땅, 즉 육지 위에 내린 눈이 얼어 생긴 지대입니다. 미국인 윌크스가 1820~1840년에 남극의 연안을 조사하는 갖

은 노고 끝에 남극이 대륙이란 것을 확인했으며, 그 뒤로 영국의 탐험가 제임스 로스는 1840~1841년에 활화산 에러버스산과 대산맥 빅토리아랜드도 발견했지요.

 남극은 확실히 대륙으로 인정될 만한 충분한 증거가 있군요. 북극은 얼음으로만 이루어져 있다니 얼음이 녹으면 큰일이겠군요. 어쨌든 얼음이 녹으려면 아직 한참 남았으니 앞으로 그 문제는 천천히 생각해 봅시다.

 북극을 대륙으로 인정할 순 없지만 남극은 앞으로 북극과 좋은 관계를 유지할 의향은 있습니다.

 그렇다니 다행이군요. 북극은 아쉽지만 대륙이라는 명칭은 포기해야겠습니다. 하지만 남극과 북극은 엄연히 지구라는 같은 행성에 존재하는 곳으로서 동급으로 대우받을 권리를 법정이 인정하므로 너무 상심하지 마십시오. 북극과 남극의 평화로운 관계를 위해 과학공화국이 다리 역할을 할 수 있도록 국회에 안건을 올리도록 하겠습니다. 남극과 북극은 서로 돕고 지내도록 하세요. 그리고 북극의 왕은 돌아가는 대로 남극 왕자의 건강 상태를 검사하고 무사히 남극까지 도착할 수 있도록 조치를 취하십시오.

재판이 끝난 후에도 북극은 대륙으로 인정받지는 못하였으나 이 사건으로 인해 그간 있었던 북극과 남극의 앙숙 관계가 청산되고 사이좋게 지냈다. 그리고 결국 주몽 왕자와 줄리는 남극과 북극 사람들의 적극적인 도움으로 결혼에 성공했다.

북극이 대륙이 아닌 이유

북극은 대륙이 아니라 '북극해' 라는 바다 위에 떠 있는 얼음 덩어리로 이루어진 곳이다. 북극해에서 가장 깊은 곳은 수심 5440m이고 북극에서 가장 큰 땅은 '그린란드' 라는 섬이다.

너무 밝아서 잠을 잘 수가 없잖아!

북극의 여름에는 하루 종일 해가 떠 있다는 게 사실일까요?

사건 속으로

한비아 씨는 주말마다 산으로 바다로 여행을 다니기에 바빴다. 그에 비하여 아내 가정애 씨는 항상 집 안에만 있었다. 혼자 집에 남아 살림만 하는 가정애 씨는 늘 우울했고, 그런 아내를 보는 한비아 씨의 마음도 불편했다. 결혼 10주년 기념일, 한비아 씨는 아내와 함께 저녁 식사를 하고 있었다

"여보! 우리 이번 여름에 결혼 10주년 기념으로 함께 여행 갑시다."

밥을 먹고 있던 가정애 씨는 귀찮은 듯 말했다.

"여행은 무슨…… 나는 돌아다니는 거 딱 질색이에요. 차라리 그 돈으로 그냥 맛있는 거나 사 먹어요."

"당신 매일 집에만 있으니까 살만 찌고…… 읍!"

실수였다. 한비아 씨는 자기도 모르게 말을 내뱉고 아내의 눈치를 살폈다.

"알아요. 나 살찐 거……."

"그게 아니라 내 말은 이곳저곳 여행하다 보면 기분도 상쾌해지고…… 당신 요즘 부쩍 우울한 것 같아서……."

"싫어요, 귀찮아. 가고 싶으면 당신 혼자 갔다 와요. 새삼스럽게 갑자기 왜 같이 가자고 그래요?"

"여보! 갑시다, 응?"

"싫다니까 왜 그래요? 그 얘기는 그만하고 밥이나 먹어요."

가정애 씨는 심드렁하게 다시 밥을 먹었다. 한비아 씨는 숟가락을 놓고 밖으로 나갔다. 가정애 씨도 결혼 전에는 이러지 않았다. 둘의 데이트 코스는 거의 여행이었다. 가정애 씨는 심지어 여행 동호회의 부회장까지 맡았었다. 하지만 결혼을 하고 난 뒤부터 매일같이 집에만 있더니 이제는 시장이나 백화점 말고는 꿈쩍도 하지 않았다. 사실 한비아 씨에게도 책임이 있었다.

'10년 전 그 일만 아니었어도…….'

10년 전 결혼을 하고 한 달 정도 지났을 때의 일이었다. 가정애 씨는 살림은 뒷전으로 한 채 결혼 전과 마찬가지로 친구들과 어울

려 여행을 다니기 일쑤였다. 한비아 씨가 퇴근을 하고 집에 들어
왔을 때 보통의 가정처럼 아내가 차려 놓은 저녁 식사를 기대한다
는 것은 정말 꿈만 같은 이야기였다. 아내가 집에 있기만 해도 그
나마 다행이었다. 대부분 쪽지 하나만 달랑 냉장고에 붙어 있는
일이 많았다.

나 친구들이랑 제주도 가기로 했어. 미리 말하려고 했는데 깜
박했네. 미안! 밥은 시켜 먹든지 나가서 사 먹어. ─정애

결국 인내심이 폭발한 한비아 씨는 가정애 씨에게 밖에도 나가
지 말고 친구들도 만나지 말라면서 심하게 화를 냈다. 가정애 씨
는 무슨 마음을 먹었는지 그때부터 지금까지 여행하고는 담을 쌓
고 지내 온 것이다. 한비아 씨는 밤하늘을 바라보며 한숨을 내쉬
었다.

'그래, 내가 조금만 더 참을걸…… 어쨌든 나한테 책임이 있으
니까 꾹 참고 이번 기회에 같이 여행을 해야겠어!'

한비아 씨는 결심을 하고 다시 집으로 들어갔다. 가정애 씨는
느라마를 보고 있었다.

"여보! 나랑 얘기 좀 해!"

"이거 끝나고 얘기해요. 지금 중요한 부분이란 말이에요!"

"어…… 그래!"

한비아 씨는 소파에 앉아 드라마가 끝날 때까지 한 시간가량을 기다렸다. 그러나 가정애 씨는 드라마가 끝나자 이어지는 오락 프로그램을 틀었다.

"호호호!"

뭐가 그리 즐거운지 가정애 씨는 한비아 씨와의 약속도 잊은 채 텔레비전에 푹 빠져 있었다. 한비아 씨는 꾹꾹 참았다. 자정이 다 되어서야 가정애 씨는 텔레비전에서 시선을 떼었다.

"다 봤어?"

"어? 어…… 근데 무슨 할 말이 있어요?"

"미안해. 내가 그동안 잘못했어. 10년 전에……."

"됐어요! 그 얘기는 하지 마요."

"우리 북극으로 여행 가자. 당신이 더운 거 싫어해서 일부러 북극으로 정했어. 거기 가면 시원할 거야! 응?"

"뭐…… 덥지는 않겠네. 아…… 알았어요."

겨우 아내의 승낙을 받아 내었다. 그리고 며칠 뒤 두 사람은 북극으로 여행을 떠났다.

"여보! 나오니까 좋지?"

"뭐…… 나쁘지 않아요."

가정애 씨는 대답은 퉁명스럽게 했지만 표정은 매우 즐거워 보였다. 오랜만에 보는 밝은 모습이었다. 하루 종일 북극을 돌아보며 그동안의 힘들었던 일들을 툭툭 털어 버렸다. 그날 밤. 한비아 씨는 결혼 10주년을 기념하기 위해 준비해 온 예쁜 초, 그리고 와인과 케이크를 작은 테이블에 멋지게 꾸려 놓았다. 욕실에서 씻고 나온 가정애 씨는 생각지도 못한 남편의 선물에 감동했다.

"여보……."

"내가 그동안 당신한테 너무 무심했지? 정말 미안해. 이제부터라도 좋은 남편 될게! 당신도 예전의 가정애처럼 밝고 명랑하게 지냈으면 좋겠어. 친구들이랑 여행도 가고…… 적당히…… 하하하!"

"나도 처음에는 나가지도 못하게 하는 당신한테 무척 서운했는데…… 그때는 내가 좀 지나쳤던 것 같아요. 미안했어요……."

두 사람은 10년 만에 얼음같이 차가운 북극에서 따뜻한 화해를 하게 되었다. 하지만 아내는 밤새도록 잠을 뒤척거렸다.

"잠을 잘 수가 없어요!"

"눈을 꼭 감고 이불이라도 뒤집어쓰고 자!"

"에잇!"

가정애 씨는 신경질을 부리며 밤을 꼴딱 새웠다. 다음 날 아침, 눈을 뜬 한비아 씨는 퀭한 눈으로 자신을 지켜보고 있는 가정애 씨의 얼굴을 보고 깜짝 놀라 소리를 질렀다.

"으악! 귀…… 귀신……!"

"귀신은 무슨!"

"여…… 여보? 왜 이렇게 얼굴이 초췌해?"

"한숨도 못 잤어요."

"왜?"

"당신…… 일부러 나 골탕 먹이려고 여기로 여행 온 거 아니에요? 나는 한 숨도 못 잤는데…… 당신은 옆에서 코까지 골며 자요? 쳇! 내가 이럴 줄 알았지. 화해는 무슨! 나 먼저 집으로 돌아가겠어요!"

가정애 씨는 화를 내며 짐 가방을 들고 나갔다. 한비아 씨는 너무나 당황하였다. 어젯밤에 분명 화해까지 했는데 갑자기 돌변한 아내가 무서웠다.

'잠을 왜 못 잤지? 나는 잘만 잤는데…….'

한비아 씨는 일단 부리나케 옷을 갈아입고 아내를 뒤쫓아 함께 집으로 돌아왔다. 하지만 아내의 태도는 여행을 떠나기 전과 다름없이 냉랭했다. 북극 바람보다도 더 차가운 바람이 쌩쌩 불었다.

"당신! 나한테 다시는 여행 가자는 소리 하지 말아요! 내가 잠도 못 자고 얼마나 고생했는지 알아요? 앞으로 평생 당신이랑은 여행 갈 생각 없어요. 쳇!"

"여…… 여보……."

한비아 씨는 아내가 화난 이유를 알 수 없었다. 아무리 생각해도 자신은 잘못한 것이 없었다.

'도대체…… 뭐가 잘못된 거야?'

결국 한비아 씨는 지구법정에 이 사건을 의뢰하기로 했다.

지구는 비스듬히 기울어진 채 자전과 공전을 합니다. 따라서 하지 무렵에 북극은 태양 가까운 쪽에, 남극은 태양에서 먼 쪽에 놓입니다. 그래서 북극에는 낮이 지속되고 남극에서는 밤이 지속됩니다. 지구의 위치가 바뀌는 동지 무렵이 되면 북극에는 밤이, 남극에는 낮이 지속됩니다.

여기는 지구법정

가정애 씨는 왜 잠을 못 이뤘을까요?
지구법정에서 알아봅시다.

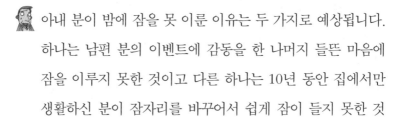

🧑‍⚖️ 재판을 시작하겠습니다. 이번에는 북극
여행에서 가정애 씨가 잠을 이루지 못한
이유를 알고 싶어 의뢰하신 거군요. 두 분
의 화해를 위해 최선을 다해 알아봅시다. 먼저 지치 변호사
준비되었으면 변론하세요.

🧑‍🦰 아내 분이 밤에 잠을 못 이룬 이유는 두 가지로 예상됩니다.
하나는 남편 분의 이벤트에 감동을 한 나머지 들뜬 마음에
잠을 이루지 못한 것이고 다른 하나는 10년 동안 집에서만
생활하신 분이 잠자리를 바꾸어서 쉽게 잠이 들지 못한 것
입니다. 아닌가요?

🧑‍⚖️ 지치 변호사는 그렇게 생각하는군요. 만약 그렇다면 뭔가 좀
이상한걸요. 감동을 하거나 잠자리가 바뀌어서 잠을 못 잔 건
남편의 잘못이 아니잖아요. 아내는 일부러 자기를 고생시키
려고 북극에 온 게 아니냐고, 화를 냈다고 하는데 설마 이벤
트를 한 게 잘못이란 건 아니겠죠?

🧑‍🦰 에구…… 그게 아니라면 가정애 씨가 화낸 이유를 알 방법이
없네요. 유능한 어쓰 변호사의 변론을 들어 보자고요.

 이젠 판사처럼 말하는군요. 제 밥그릇 뺏으려고 그래요? 큰 일 납니다. 어쓰 변호사 변론하세요.

 남편께서 미리 알고 있어야 할 일을 빼먹었군요. 남극이나 북극은 다른 지역과는 달리 특이한 현상이 많은 곳이기 때문에 여행을 떠나기 전에 조사를 많이 해야 하거든요. 지구학회 다 알아 회장님을 모시고 북극의 특징에 대해 설명을 들으면서 아내 분이 화난 이유를 알아보겠습니다.

 증인은 증인석으로 나와 주십시오.

   풍채가 아주 좋은 60대 중반을 넘긴 회장님이 인상 좋은 얼굴에 편안한 미소를 머금고, 한 손에 검은 안대 두 개를 손에 쥐고 나왔다.

 북극에 여행을 간 아내 분이 잠을 이루지 못하고 다음 날 화가 나서 돌아왔다고 합니다. 어떻게 된 일일까요?

 아내 분이 잠을 못 이룬 이유는 간단합니다. 남편 분이 이벤트 준비보다 더 중요한 일을 미처 생각 못 했군요.

 무슨 일입니끼?

 북극은 여름에 하루 종일 해가 지지 않는 백야 현상이 일어납니다. 여름에 북극 여행을 갔으니 저처럼 검은 안대는 필수로 준비해야죠.

하루 종일 해가 지지 않는다고요? 자세한 설명 부탁드리겠습니다.

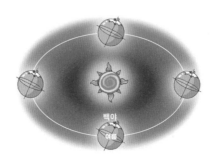

 그렇습니다. 남극과 북극은 백야 현상이 일어나는 지역인데 이런 현상이 생기는 이유는 지구의 자전축이 기울어져 있고 지구가 태양 주위를 돌기 때문이지요. 기울어진 회전축 중 남극 쪽이 태양과 멀어지게 되면 빙글빙글 돌면서 한쪽 면이 빛을 받을 때 반대편 쪽은 빛을 받지 못합니다. 이렇게 해서 낮과 밤이 생기는 거지요. 하지만 극지방은 여름이 되면 대륙이 전체적으로 빛을 다 받게 되고 아침에도, 낮에도, 저녁에도 태양이 지평선 아래로 내려가지 않아 백야 현상이 생기는 거지요.

 그럼 해가 지지 않는 거예요?

 그렇지요. 뜨고 지고 하는 차이가 거의 없습니다. 왜냐하면 태양을 머리 위에서 보는 게 아니라 바로 옆에서 보기 때문이

죠. 북극 지방에서는 하지에 남극 지방에서는 동지에 백야 현상이 일어납니다. 가장 긴 곳은 6개월이나 계속된다고 하니 무시하지 못하죠.

 설명 감사합니다. 여름에 북극 여행을 할 때는 검은 안대를 꼭 준비해야겠습니다.

 백야 현상이 길게는 6개월이나 지속되는 곳이 있다고 하니 생활하긴 조금 불편할 것 같다는 생각이 드는군요. 누구나 모르는 지역으로 여행 갈 때에는 필요한 것들이 무엇인지 미리 챙겨 보는 습관을 기르는 게 좋겠습니다.

재판 이후, 한비아는 가정애에게 백야 현상에 대해 몰랐다며 사과했다. 아내는 진심으로 사과하는 남편을 보자 무조건 화만 낸 자신을 반성하게 되었다. 그 후 한비아 씨와 가정애 씨는 다시 사이가 좋아져 한비아 씨가 여행을 갈 때마다 가정애 씨도 늘 함께했다.

북극과 남극

하지 무렵 남극점에서는 밤이 지속되고 북극점에서는 낮이 지속된다. 북극에서는 태양이 항상 지평선 위에 있어 지지 않고 남극에서는 온종일 태양이 보이지 않기 때문이다. 반대로 동지에는 남극에 낮이 지속되고 북극에는 밤이 지속된다.

북극 설렁탕과 소금

북극의 얼음으로 요리를 하면 어떤 맛이 날까요?

주방자 씨는 유명한 요리 연구가이다. 뿐만 아니라 맛있는 음식이 있는 곳이라면 어디든지 가서 꼭 먹어 보는 미식가이기도 했다. 덕분에 각종 언론 매체에서는 그녀에게 요리나 맛집에 관한 글을 부탁하거나 그녀를 소개하는 기사를 싣기도 하였다.

"새로운 맛을 위해서라면 그곳이 어디든 상관없어요. 호호호!"

오늘도 주방자 씨는 모 잡지사와 인터뷰 중이었다. 방자 씨의 대답을 빠른 속도로 적던 기자가 질문을 던졌다.

"그럼 혹시 북극 그린란드의 설렁탕에 대해서 들어 보셨나요?"

"네? 북극 어디요?"

"북극 그린란드요. 그곳에 설렁탕집이 있다고 하더라고요. 얼마 전 저희 잡지사에서 입맛 까다롭기로 유명한 기자 분이 북극에 취재를 갔다가 설렁탕집에 갔었는데 그 맛을 잊을 수가 없다고 하더라고요. 호호호!"

"정말요? 그분 연락처 알 수 있을까요?"

주방자 씨의 눈빛이 반짝거렸다. 방자 씨는 그날 바로 기자에게 연락을 했다.

"여보세요?"

"안녕하세요? 저는 주방자라고 해요."

"네? 요리 연구가 주방자 씨?"

"맞아요. 제가 아까 인터뷰를 하다가 유기자님한테 북극 설렁탕집 이야기를 들었어요."

"아~ 설렁탕집이요?"

"네, 거기를 찾아가려면 어떻게 가야 하죠? 자세히 좀 알려 주시겠어요?"

"북극 그린란드에서…… 어쩌고저쩌고…… 주저리주저리……."

"고맙습니다. 제 요리 연구에 큰 도움이 될 거예요!"

"제가 오히려 더 영광입니다. 하하하! 조심히 잘 다녀오세요."

주방자 씨는 최근에 요리책을 집필하고 있었다. 뭔가 특별한 레

시피가 떠오르지 않아 답답하던 차에 횡재를 한 기분이었다. 북극에서 설렁탕을 판다는 것 자체만으로도 아주 신선했다. 다음 날 주방자 씨는 공항으로 향했다. 어떻게 알았는지 몇몇 기자들이 그녀의 출국 장면을 찍기 위해 미리 나와 있었다.

"주방자 씨! 이번에도 훌륭한 맛을 찾아 떠나신다고 들었습니다. 어디로 가시는 거죠?"

"음…… 북극이오."

"북극? 그곳에 무슨 맛집이 있기에……."

"다녀와서 말씀드릴게요. 바빠서 이만."

주방자 씨는 서둘러 게이트를 빠져나왔다. 비행기 안에서 오랜 시간을 보내야 했음에도 불구하고 북극 설렁탕에 대한 기대감으로 한숨도 자지 못했다. 드디어 북극에 발을 디뎠다.

"이야~! 북극이다! 호호호! 여기서 어디로 가야 된다고 했더라?"

주방자 씨는 적어 놓은 수첩을 들여다보며 길을 더듬어 갔다. 한참을 헤맨 끝에 마침내 허름하게 생긴 설렁탕집을 발견했다.

'심, 봤, 다!'

주방자 씨는 속으로 외쳤다. 설렁탕집은 생각했던 것보다 아주 작았다. 하지만 역시 맛집다운 모습이었다. 자고로 대박집들은 오히려 허름한 법이다.

"계세요? 아무도 안 계세요?"

설렁탕집의 문을 열고 들어가자 아무도 없었다. 주방자 씨는 더 크게 소리쳤다.

"저기요! 장사 안 하세요?"

주방에 앉아 있었는지 한 할머니가 일어나며 말했다.

"누구요?"

"설렁탕 먹으러 왔습니다. 호호호!"

"오늘은 영업을 안 하는데…… 내일 오슈!"

할머니는 퉁명스럽게 대답하더니 다시 자리에 앉아 무언가에 열중했다. 주방자 씨는 조금 당황하였다. 항상 밝고 명랑한 그녀였지만 할머니의 태도에는 기분이 조금 상하였다. 오랜 시간 동안 비행기를 타고 한참을 헤매다가 겨우 찾아왔는데 푸대접이라니! 하지만 설렁탕 맛을 보기 위해서는 기다릴 수밖에 없었다. 마음을 진정하고 다시 웃으며 말했다.

"할머니! 그럼 내일 오면 되나요?"

"오든지 말든지!"

그녀는 인내심을 발휘하여 꾹 참았다.

"내일 다시 오겠습니다. 호호호!"

"실없이 웃긴 왜 웃어? 참나~."

할머니는 끝까지 무뚝뚝했다. 할머니이 면박을 꿋꿋이 참아 낸 주방자 씨는 근처에 숙소를 잡았다.

'설렁탕 한 그릇만 먹으면 내가 다시는 저 집에 가지 않을 거야! 아무리 맛집이라도 저렇게 불친절하다니…… 상상 그 이상이

야. 쳇!'

그녀는 투덜거리며 잠자리에 들었다. 방자 씨는 다음 날 잠에서 깨자마자 설렁탕집으로 달려갔다.

"할머니!"

문이 닫혀 있었다.

'아니, 오늘 영업 안 할 거면 어제 말을 해 줬어야지! 정말 너무해!'

화가 난 주방자 씨는 문이 부서져라 두드리기 시작했다. 잠시 후 할머니가 나왔다.

"왜 이렇게 시끄러워? 어라? 어제 그 실없던 여자네?"

"할머니 오늘 영업 안 하세요?"

"할 거야! 들어와!"

주방자 씨는 의자에 앉았다. 한 시간 정도를 꼬박 기다리고 나서야 뽀얀 국물의 설렁탕을 볼 수 있었다.

"자! 여기 있다."

할머니의 퉁명스러운 말투도 이제는 신경이 쓰이지 않았다. 설렁탕은 정말 맛있어 보였다.

'꿀꺽!'

입안에 군침이 돌았다. 드디어 국물을 한 숟가락 떠서 입에 넣으려던 순간이었다.

'앗차! 간을 안 했네!'

"할머니!"

"왜 또 불러?"

"죄송해요. 소금을 안 주셔서…… 소금 좀 주세요, 호호호!"

"소금? 그런 거 없어. 그냥 후루룩 마셔!"

"네?"

주방자 씨는 더 이상 참을 수 없었다. 간을 맞출 소금이 없다니…… 음식에 대한 철학이 남달랐던 주방자 씨에게는 음식에 대한 모독이나 다름없었다.

"할머니! 빨리 소금 주세요!"

"없다고! 없어! 젊은 사람이 귀를 먹었나? 소금 따위는 없어!"

"정말 이러실 거예요? 그럼 저는 이 싱거운 설렁탕을 먹을 수 없어요!"

"먹든지 말든지! 돈이나 내놔!"

주방자 씨는 얼굴이 붉으락푸르락하게 변했다.

"할머니, 당장 고소하겠어요!"

"뭐?"

"할머니를 지구법정에 고소하겠다고요. 쳇!"

주방자 씨는 설렁탕집의 문을 박차고 나와 지구법정으로 향했다.

남극의 얼음은 눈이 내려 얼은 것이지만, 북극의 얼음은 바닷물이 얼어서 만들어진 것입니다. 그래서 바닷물처럼 짠맛이 납니다.

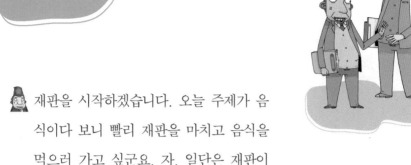

북극에서는 설렁탕에 소금이 필요 없을까요?
지구법정에서 알아봅시다.

 재판을 시작하겠습니다. 오늘 주제가 음
식이다 보니 빨리 재판을 마치고 음식을
먹으러 가고 싶군요. 자, 일단은 재판이
우선이니…… 원고측 변론 시작하십시오.

 요즘 음식점에서는 친절 경쟁이 대단합니다. 그런데 피고는
친절은 둘째치고 설렁탕에 넣을 소금을 달라는 원고에게 윽
박지르면서 없다고만 하다니 너무한 것 아닙니까? 음식의 기
본조차 무시한 피고에게 원고는 설렁탕 값을 드릴 수가 없음
을 알리는 바입니다.

 원고는 소금이 없었으니 설렁탕을 먹지도 않았겠군요. 맛이
라도 한번 보고 결정하지 그랬어요?

 맛을 봐 봤자 간이 안 되어서 속이 편하지 않았을 겁니다.

 음…… 어쨌거나 법정까지 왔으니 다시 가서 맛을 보고 오라
고 할 수도 없고…… 계속 진행합시다. 피고측 변론하세요.

 설렁탕 가게를 하면서 소금이 없다고 말하니까 조금 이상하
게 생각하는 게 당연할 수도 있습니다. 하지만 좀만 더 생각
하면 지금까지 소금 없이 설렁탕 장사를 하고 있었던 건 그만

한 이유가 있기 때문이 아니겠습니까? 그 이유를 말씀드리기 위해 북극바다연구센터의 저바다 팀장님을 모셨습니다. 증인 요청을 받아 주십시오.

 받아들이겠습니다.

에스키모처럼 털이 달린 긴 코트형 파카를 입고 법정 에 들어선 팀장은 한 손에 물 한 컵을 들고 있었다.

 더우시면 옷을 벗으셔도 됩니다. 북극 바다를 관리하고 계신 다고 들었습니다. 이번 사건은 음식과 관련되어 있지만 북극 바다에 대해 알면 해결될 거라고 말씀하셨다고요? 어떤 말씀 인지 설명을 부탁드리겠습니다.

 음식 얘기를 하기 전에 드릴 말씀이 있습니다. 남극 얼음과 북극 얼음이 다르다는 사실을 아십니까?

 얼음이 다르다뇨? 무슨 말씀입니까?

남극의 얼음은 대륙 위에 내린 눈이 얼어서 만들어진 반면에 북극의 얼음은 바닷물이 얼어서 만들어진 것입니다. 바닷물 의 소금 성분이 포함되어 있기 때문에 북극의 얼음은 맛이 짭 니다. 또 보통의 물은 0℃에 얼지만 소금이 들어 있는 바닷물 은 소금이 불순물 역할을 해서 -1.9℃ 정도가 되어야 얼지요. 그것도 남극과 북극 얼음의 차이입니다.

그렇습니까? 직접 먹어 보지 못해서 모르고 있었습니다. 경험하지 못한 일이라 신기하게 여겨지는군요.

제가 북극에서 얼음을 가져왔는데 컵에 담아 놓았더니 녹았습니다. 이 물의 맛을 보면 분명 짤 겁니다. 북극에서 음식을 할 때 쓰는 물은 거의 북극의 얼음이기 때문에 음식에 따로 간을 하지 않아도 됩니다. 그러니까 설렁탕에 소금을 넣지 않아도 설렁탕이 싱거울 리 없는 거죠.

할머니께서는 북극에 살면서 쌓인 경험에 비추어 음식을 만드신 거군요. 북극에서는 음식이 싱거울 일이 없다는 사실을 몰라서 원고가 실수한 것 같습니다. 원고는 설렁탕 맛이라도 보고 고소를 하는 게 현명했을 것 같군요.

북극과 남극의 추운 환경이 비슷해서 같을 줄 알았는데 북극의 얼음과 남극의 얼음이 확실히 다르군요. 북극의 요리에는 소금을 안 써도 된다니 재료비를 절약하는 효과도 있겠군요. 아무튼 재미있는 정보였습니다. 원고의 오해도 풀렸으니 이번 사건은 여기서 마치도록 하죠. 재판을 마치겠습니다.

재판 후, 주방자 씨는 설렁탕을 먹어 보지도 않고 화부터 낸 것에 대하여 할머니에게 사과했다. 그러자 할머니 역시 쌀쌀맞게 대한 것에 대한 미안함을 표했다. 혼자 산 지 오래되어서 그렇다며

푸념을 하자, 주방자 씨는 설렁탕을 먹으러 자주 오겠다고 약속했다. 그 후 할머니에게 주방자 씨는 딸 같은 존재가 되었다.

 남극과 북극의 바닷물의 염분 농도

남극이나 북극의 바닷물도 맛이 짜지만 보통 바닷물과는 약간 차이가 있다. 바닷물의 염분의 농도는
‰(퍼밀)로 나타내는데 이 수치가 높을수록 짠맛이 강하다. 세계의 평균적인 바다 염분 농도는 35‰
이지만 남극이나 북극은 일반적인 바다의 염분 농도보다 낮다.

3초 만에 지구 한 바퀴 돌기

지구 한 바퀴를 가장 빨리 돌 수 있는 방법은 무엇일까요?

강허풍 씨는 평소에 거짓말을 잘하기로 유명했다. 허풍 씨의 친구 나순진 씨는 항상 그의 장난에 속아 넘어가곤 했다.

"순진아! 이거 비밀인데…… 우리 집 냉장고에는 코끼리가 들어가!"

"말도 안 돼!"

"정말이라니까!"

"뻥쟁이!"

"믿거나 말거나. 아무튼 이 사실은 아무한테도 말하면 안 돼! 난

화장실이나 가야겠다."

"치…… 안 속아!"

하지만 허풍 씨 집에 놀러 온 순진 씨는 주방에 있는 냉장고를 열어 보고 싶었다.

'정말인가? 냉장고가 크기는 한데……'

순진 씨는 냉장고로 조심히 다가갔다. 문을 열려고 하는데 이상한 소리가 들렸다.

'뭐지? 코…… 코끼리 울음소린데……'

그녀는 냉장고 손잡이를 잡았다. 코끼리 울음소리가 점점 크게 들렸다. 심장이 두근거리기 시작했다. 정말 코끼리가 이 안에 있다면 문을 열자마자 뛰쳐나올 수도 있기 때문이었다.

'안 되겠어. 못 열겠어.'

순진 씨는 머뭇거리다가 뒤를 돌아섰다.

"으악!"

순진 씨는 그 자리에 털썩 주저앉았다.

"괜찮아? 하하하! 못 믿겠다더니 또 속았냐? 코끼리는 무슨~ 하하하!"

바닥에 앉아 있는 순진 씨를 보고 강허풍 씨는 배꼽이 빠져라 웃어 댔다. 순진 씨는 화가 잔뜩 나 씩씩거렸다.

"강허풍! 너랑은 이제 절교야! 얼마나 놀랐는데…… 쳇!"

순진 씨는 울먹이며 소리쳤다. 그리고 현관문을 세게 닫고는 나가 버렸다.

"내가 너무 심했나? 뭐…… 쟤는 만날 속아도 또 속고! 순진이 놀리는 게 제일 재미있단 말이야! 호호호!"

집에 돌아온 순진 씨는 아직도 분이 풀리지 않았다.

"나쁜 녀석! 만날 속이고, 놀리고! 쳇! 정말 다시는 안 놀 거야!"

따르르릉—.

거실의 전화벨 소리가 들렸다. 소리가 멈춘 걸 보니 엄마가 받으셨나 보다.

"순진아! 전화 받아라!"

"누군데요?"

"허풍이!"

"안 받아요!"

"너희 싸웠니? 아무튼 일단 나와서 전화 받아!"

순진이는 터벅터벅 걸어 나왔다.

"여보세요?"

"순진아, 화났어?"

"됐어! 이제 너랑은 정말……."

"미안해! 이제 안 그럴게. 근데 있잖아, 내가 놀라운 얘기 하나 해 줄까?"

"됐어!"

"이번에는 장난 아닌데……."

"싫어! 너랑은 말 안 할 거야."

"네가 들으면 정말 놀랄 일인데?"

"됐다니까! 나 전화 끊는다."

"잠깐만, 나 3초 만에 지구 한 바퀴를 돌 수 있는 능력이 생겼어."

"뭐? 이게 또 시작이야! 끊어!"

뚜우우우.

순진 씨는 정말 화가 났다. 또 자신을 속이려는 허풍 씨가 너무 얄미웠다.

'나도 더 이상 당하고만 있지는 않을 거야. 강허풍! 너도 이번에 망신 좀 당해 봐라!'

무언가 기발한 생각이 떠올랐는지 순진 씨는 의미심장한 웃음을 지었다. 다음 날, 허풍 씨네 집에 전화가 한 통 걸려 왔다.

"여보세요?"

"네, 거기 강허풍 씨 댁 맞습니까?"

"전데요."

"저는 SBC방송국의 〈최고의 여행〉이라는 프로그램의 작가입니다. 나순진 씨라는 분이 강허풍 씨를 달인으로 추천했는데요. 내일 방송국으로 나와 주실 수 있으세요?"

"네? 달인이오?"

'나순진! 내 말을 못 믿고 나를 망신 주시겠다? 하하하, 재밌네.'

"알겠습니다."

다음 날 강허풍 씨는 방송국으로 갔다. 사회자 이경구 씨가 무대에 서 있었다.

"네, 이번에 모실 분은 단 3초 만에 지구 한 바퀴를 돌 수 있다는 분입니다. 하하하! 그게 가능할까요? 일단 모셔 보겠습니다. 강허풍 씨, 나와 주세요."

방청객들은 극히 평범하게 보이는 강허풍 씨가 나오자 비웃었다.

"안녕하세요? 강허풍입니다."

"네. 강허풍 씨, 3초 만에 어떻게 지구를 돕니까? 혹시 이름처럼 허풍이 아닐까요?"

"아닙니다, 사실입니다."

"하하하! 말도 안 돼. 이거 원…… 잠깐만 녹화 좀 쉬었다가 합시다."

이경구 씨는 녹화를 중단시켰다. 그리고 작가를 불렀다.

"이봐요! 말이 좀 되는 사람을 섭외해야지. 이런 말도 안 되는 사람을 시청자들이 보면 우리 프로그램을 뭐라고 생각하겠습니까?"

"그게 아니라 제보자께서 한 번만 믿어 달라고 하도 애원을 하셔서…… 마침 출연자 한 분이 못 나오신다고 해서……."

"그래도 그렇지. 저런 허풍쟁이를 무대에 세우다니…… 당장 다른 사람으로 섭외하세요! 나는 저 사람과 방송할 수 없어요."

작가는 대기실에서 기다리고 있던 강허풍 씨에게 다가가 말했다.

"강허풍 씨, 죄송합니다. 저희 프로그램과 맞지 않는 것 같아서…… 아무래도 출연이 힘들 것 같아요."

"뭐라고요? 여기까지 사람을 불러 내고서 그냥 돌아가란 말입니까?"

"그게…… 사회자께서 도저히 믿을 수 없다고 하셔서…… 죄송합니다."

"당장 이 자리에서 보여 줄 테니 이경구 씨 좀 데려오세요."

작가는 잠시 뒤에 이경구 씨를 데리고 왔다.

"무슨 일입니까?"

"이경구 씨! 왜 제 말을 못 믿으시죠? 제가 직접 보여 드리겠습니다."

"됐습니다. 이 사람이 정말 해도 해도 너무하네! 방송이 장난인 줄 알아? 어디서 거짓말을 하고 있어? 당장 집으로 돌아가요!"

"지금 저를 거짓말이나 하는 사람으로 보시는 겁니까?"

"그럼 나보고 말도 안 되는 소리를 믿고 방송을 하란 말입니까? 뭐? 3초 만에 지구를 한 바퀴 돌아? 참내…… 당신 같은 거짓말쟁이, 사기꾼이랑은 더 이상 말도 섞고 싶지 않으니까 어서 나가요!"

이경구 씨는 소리를 버럭 지르고는 무대로 돌아갔다. 순식간에 거짓말쟁이가 된 강허풍 씨는 너무 화가 났다. 작가는 중간에서 어쩔 줄 몰라 안절부절못하며 발만 동동 굴렀다.

"강허풍 씨, 정말 죄송합니다. 오늘은 그냥 돌아가 주세요. 이경구 씨가 워낙 까칠하신 분이라……."

"저 사람 고소하겠어요!"

"네?"

"저런 무식한 사람이 사회자라니…… 무턱대고 나를 거짓말쟁이로 몰다니…… 이경구 씨를 당장 지구법정에 고소하겠습니다."

화가 잔뜩 난 강허풍 씨는 방송국에서 나와 곧장 지구법정으로 향했다. 그리고 얼마 후 두 사람은 지구법정에서 서로 얼굴을 붉히게 되었다.

지구 적도 지방의 둘레는 약 4만km, 한 바퀴를 돌려면
시속 60km의 속도로 약 28일이 걸립니다. 하지만 북위 90°인
북극점에서는 한 바퀴를 금세 돌 수 있습니다.

과학공화국
지구법정 6

지구를 한 바퀴 도는데 어떻게 3초밖에 안 걸릴까요?

지구법정에서 알아봅시다.

 재판을 시작하겠습니다. 피고가 원고의 말을 안 믿어 줬다는데 제가 봐도 이번 사건은 믿기 힘든데요. 양측 변론을 들어 보고 판단하도록 하겠습니다. 먼저 피고측 변론하세요.

 원고는 3초 만에 지구 한 바퀴를 돌 수 있다고 방송국에 제보했습니다. 지구가 작은 놀이터도 아니고 어떻게 3초 만에 돈다는 말인지…… 누가 들어도 당연히 불가능한 일이지요.

 음…… 지구를 3초 만에 돌아요? 제가 들어도 이해가 안 가긴 합니다만 가능하다면 정말 놀라운 일이군요.

 가능하지 않다는 것을 알기 때문에 놀랄 만한 일도 안 되는 겁니다. 사회자인 피고는 원만한 방송 진행을 위해 원고의 방송 출연을 막았습니다. 사실 원고의 터무니없는 말을 믿고 방송에 출연시킨다는 건 방송 사고가 날 것을 각오하고 출연시켜야 하는 것입니다. 어느 누가 당연한 결과를 보고 제 부덤을 파겠습니까? 그리고 방송 사고가 나면 누가 책임져 주겠습니까?

 피고측 입장도 이해는 가는군요. 아무튼 원고는 가능한 일이라고 생각하기 때문에 이렇게 고소를 했겠지요. 원고측 변론을 들어 보겠습니다.

지구가 크기 때문에 짧은 시간에 한 바퀴를 돌 수 없다는 생각은 버리십시오. 지구가 크다는 사실을 알고 있듯이 지구가 둥글다는 것도 알고 있지요? 지구가 둥글기 때문에 원고의 말은 가능합니다.

그럼 원고의 말이 사실이라는 겁니까? 쉽게 이해가 가지 않는군요. 자세한 변론을 해 주십시오.

어떻게 가능한지 설명을 듣기 위해 원고를 직접 증인으로 요청합니다.

요청을 받아들이겠습니다. 원고는 증인석으로 나와 주십시오.

강허풍 씨는 자신의 말을 믿어 주지 않는 사회자를 흘 깃 쳐다보고는 증인석으로 나갔다.

원고는 지구를 짧은 시간, 예를 들어 3초 만에 돌 수 있다고 하셨는데요. 정말 가능한 겁니까?

충분히 가능하지요. 제가 어떻게 가능한지 보여 드리려고 했는데 사회자 이경구 씨는 쳐다보지도 않으셨습니다.

화가 많이 났겠군요. 그럼 여기서 어떻게 돌면 되는지 설명해 주시겠습니까?

 지구를 한 바퀴 도는 가장 빠르고 간편한 방법을 알려 드리겠습니다. 먼저 북극으로 가서 북위 90°인 북극점을 찾습니다. 그리고는 배를 타고 북극점 주위를 원을 그리며 도는 것이지요.

 따지고 보면 그것도 정말 지구의 한 바퀴가 맞군요. 하하하!

 그렇죠. 지구에서 제일 뚱뚱한 부분인 위도 0°인 적도를 따라 한 바퀴 돌려면 시간이 엄청 걸리겠지만 북위 90°인 북극점에서는 단 1분이면 돌 수 있습니다.

 북극까지 가는 건 간편한 일이 아니겠군요. 하하하! 지금까지 증인으로 원고를 직접 모시고 말씀을 들어 보았는데요. 이제는 이해가 가십니까? 지구가 네모라든지 평평하다면 불가능했을 테지요. 피고는 원고의 말을 일방적으로 믿지 않고 무시한 일에 대해 사과하세요. 원고는 방송 출연을 할 권리가 있습니다.

지구를 이렇게 쉽게 돌 수 있다니 정말 재미있군요. 피고가 사회자의 권한으로 원고의 방송 출연을 거부할 수밖에 없었던 점은 이해가 갑니다만 원고가 원한다면 다시 방송 출연을 할 수 있노록 하십시오. 오늘 재판은 정말 깔끔하게 마무리가 되었군요. 이것으로 재판을 마치겠습니다.

재판이 끝난 후 이경구에게 사과를 받은 강허풍은 취소되었던 방송에 출연하게 됐고, 그동안의 허풍과는 달리 진지한 모습을 보여 준 강허풍 씨에게 깊은 인상을 받은 순진 씨는 그에게 반해 버렸다.

위도

위도는 지구상에 있는 어떤 지점에서의 위치를 나타내기 위하여 만든 좌표를 말하며 경도와 함께 쓰인다. 지도상에서 남북을 세로로 놓았을 때 가로선에 해당한다. 지구본을 보면 가운데를 지나는 선인 적도를 기준으로 멀어져서 극 쪽으로 갈수록 위도가 높아진다. 북반구, 남반구를 각각 90°로 나누어서 북위 0~90°, 남위 0~90°로 나타낸다. 적도는 위도 0°에 해당하고, 북극점은 북위 90°, 남극점은 남위 90°에 있다.

과학성적 끌어올리기

북극 최대의 섬 그린란드

북극은 위도 66° 이상의 지역을 말합니다. 그리고 러시아, 캐나다, 유럽의 일부 나라들로 에워싸여 있는 바다를 '북극해' 라고 합니다.

그럼 북극에서 가장 큰 섬은 뭘까요? 그것은 '그린란드' 라는 섬입니다. 그린란드는 북아메리카 대륙과 대서양과 북극해 사이에 있는 세계에서 제일 큰 섬입니다. 원래는 노르웨이 사람이 발견했지만, 1721년 덴마크의 에게데에 의해 덴마크의 땅이 되었지요.

그린란드에는 처음에는 에스키모들만 살고 있었지만 지금은 에스키모 이외에 다른 유럽 사람들도 살고 있습니다. 그린란드 사람

들은 주로 사냥이나 물고기를 잡아서 생활합니다.

그럼 그린란드는 완전히 쓸모없는 땅일까요? 그렇지는 않습니다. 그린란드에는 납과 아연이 많이 생산되고 알루미늄을 만들 때 사용되는 빙정석이 많이 생산됩니다. 그린란드의 빙정석은 전 세계로 수출되지요.

툰드라 지대

툰드라 지대는 북극해에 인접한 지역입니다. 겨울에는 기온이 영하 20~30℃로 내려가 눈으로 덮여 있고, 가장 더울 때도 10℃를 넘지 않습니다. 비는 적게 오지만 증발이 잘 일어나지 않아서 습지가 많고 땅속에는 영원히 녹지 않는 얼음층이 있어서 물이 잘 흘러 들어가지 못합니다. 툰드라는 식물이 살 수 있는 기간이 60일 정도로 다른 지역보다 짧은 지역입니다. 키가 작은 식물이나 풀들만이 자라고 아주 적은 수의 파충류가 삽니다. 그리고 날씨가 너무 추워서 곤충은 거의 살지 않습니다.

극지방 동물에 관한 사전

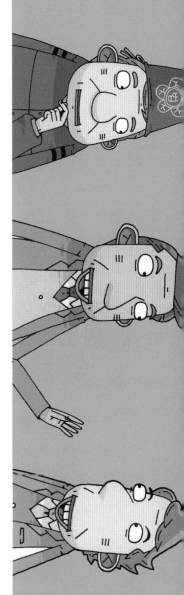

제3장

펭귄 – 롱다리 펭귄

바다표범 – 바다표범 사냥 대회

남극 새우 – 크릴새우를 지켜라

북극 고래 – 뿔이 난 고래

곰 – 남극곰도 있나요?

롱다리 펭귄

펭귄의 다리 길이는 얼마나 될까요?

2030년 과학공화국에서는 세계 동물학회의 정기 세미나가 열려 각국의 대표들이 회의장으로 몰려들었다. 이번 세미나는 조금 특별했다. 그동안 학회에서는 파벌 싸움이 심각해서 세미나 때마다 서로를 헐뜯기에 바빴다. 그 파벌이라는 것은 학벌도 아니고 나라나 인종의 차이도 아니었다. 엉뚱하게도 숏다리파와 롱다리파로 나뉜 것이었다. 동물학회의 학회장은 롱다리파의 이휘자 씨였다.

"자, 모두들 정숙해 주십시오!"

롱다리파 사람들은 회장의 말에 모두 조용해졌다. 하지만 숏다리파 사람들은 전혀 수그러들지 않고 오히려 더 떠들기 시작했다.

"이봐요! 다리 짧은 양반들! 조용히 좀 하세요! 다리 짧은 사람들 때문에 진행이 안 돼! 으이고!"

숏다리파의 핵심 인물인 이홍렬 씨는 벌떡 일어나 소리쳤다.

"이봐! 회장! 우리가 왜 다리가 짧아! 우리는 표준이란 말이야! 당신들이 비정상적으로 다리가 너무 긴 거야. 으흠!"

회장은 어이가 없다는 듯 비웃으며 말했다.

"이홍렬 박사님! 한 가지 궁금한 게 있습니다. 화내지 마시고 대답해 주십시오!"

"뭐든 물어보시오! 나는 댁들처럼 키 크고 싱거운 사람이 아니요. 하하하!"

"음…… 어려운 질문이 아닙니다. 이홍렬 박사께서는 지금 앉아서 말하는 겁니까? 아님 설마 서서 말하는 겁니까?"

롱다리파 사람들은 새어 나오는 웃음을 참지 못한 듯 킥킥거리기 시작했다.

"하하하!"

회의장은 순식간에 웃음바다가 되었다. 이홍렬 박사는 얼굴이 붉으락푸르락 변했디.

"이…… 이런……."

이홍렬 박사는 주먹을 불끈 쥐고 회장석으로 내려갔다.

"나는 더 이상 이 학회에 있을 수 없소! 이런 모욕을 주는 이회장 같은 사람이랑은 절대 어떠한 회의도 할 수 없소!"

그러자 숏다리파 사람들이 술렁이기 시작하더니 모두 일어나 외쳤다.

"학회를 나눕시다!"

이휘자 씨는 주먹으로 책상을 쾅 치며 말했다.

"말도 안 됩니다! 세계동물학회를 어떻게 나눕니까? 다리 짧은 사람들은 생각도 짧은 겁니까? 하기 싫으면 그냥 학회를 나가시오. 쳇!"

갑자기 회의장은 아수라장이 되었다. 회의는커녕 서로 주먹질까지 오갔다. 다음 날, 신문 1면에는 이러한 기사가 났다.

세계동물학회 분열! 학회 두 동강 나다.

세계동물학회는 두 개의 학회로 나뉘게 되었다. 하나는 롱다리학회, 다른 하나는 숏다리학회였다. 세상 사람들은 어이없는 결과에 황당해했다. 하지만 학회 사람들은 이런 결과에 만족하였다. 학회가 분열되었다는 것을 알리기 위해 각 대표들은 기자 회견을 열었다. 롱다리학회 대표는 이휘자 씨였고, 숏다리학회 대표는 이홍렬 씨였다. 기자들은 카메라 플래시를 터뜨리기 시작했다.

"안녕하십니까? 저는 〈애니멀〉지의 최 기자입니다. 어떻게 해서 학회가 분열된 것입니까?"

이휘자 씨는 마이크에 입을 갖다 대었다.

"우리 같은 롱다리들은 더 이상 짧은 사람들과 같이 일할 수 없었습니다. 회의를 할 때에도 앉은 건지 일어선 건지 구분이 안 가는데…… 아무튼 저희는 속이 다 후련합니다. 하하하!"

기자들은 숏다리 이흥렬 씨가 높은 의자에 앉아 바닥에 발을 대지 못하고 있는 모습을 보고 웃음을 터뜨렸다. 이흥렬 씨는 얼굴이 빨개졌다.

"참나! 우리 숏다리파는 이기적이고, 남의 단점이나 놀려 먹는 건방진 롱다리파와는 더 이상 함께 회의를 할 수가 없었습니다. 또 어찌나 잘난 척을 해 대는지 눈뜨고 볼 수 없을 정도였는데 이제는 볼 일이 없는 것 같아 마음이 편안합니다. 흥!"

기자들도 모두 고개를 끄덕였다. 롱다리파의 잘난 척은 유명했기 때문이다.

"저는 애니방송국의 아나운서 엄기웅입니다. 학회가 두 개로 갈라졌는데 그렇다면 각 학회별로 연구하시는 동물도 나뉘는 것입니까?"

두 대표는 조금 당황한 기색이었다. 사실 감정을 앞세우느라 정작 중요한 동물에 대해서는 의견을 나누지 못했다. 곰곰이 생각을 하던 끝에 이휘자 씨는 입을 열었다.

"당연히 동물도 나누어야죠! 저희 롱다리학회에서는 다리가 긴 동물을 연구하도록 하겠습니다."

"뭐, 그건 우리랑 의견이 일치하네! 저희 숏다리학회에서는 다리가 정상적으로 짧은 동물들을 연구하겠습니다."

두 학회는 처음으로 의견이 일치하였다.

"그럼 다음 세미나가 있는 날에 각 학회에서 동물을 연구하여 공개적으로 연구 발표하겠습니다. 여러분들은 어떤 학회가 더 우수한 학회인지를 평가해 보실 수 있을 것입니다. 숏다리학회에서는 우리 학회의 반이라도 따라오려면 준비를 아주 열심히 하셔야 할 겁니다. 하하하!"

"또 건방진 소리 하기는! 아무튼 그날 봅시다!"

그리고 일 년 후, 두 학회는 각각의 동물들을 연구한 결과물을 발표할 자리를 갖게 되었다. 참석한 사람들에게 준비한 자료를 나누어 주었다. 그런데 문제점이 발생하였다.

"아니 이게 어떻게 된 일이야?"

두 학회에서 모두 연구 동물로 펭귄을 준비한 것이었다. 이휘자 씨는 이홍렬 씨를 찾아갔다.

"이봐! 무식한 숏다리! 펭귄은 우리 학회에서 연구한 거야! 장난하는 것도 아니고! 신성한 연구 발표에서 뭐 하는 거야? 당장 자료 걷어 가!"

이홍렬 씨는 의자를 밟고 올라가 말했다.

"이제야 눈높이가 좀 맞는군! 이휘자! 펭귄이 어떻게 생겼는지 몰라? 펭귄은 숏다리라고, 숏다리! 멍청하기는…… 당신이나 얼른 자료 걸어 가라고. 쳇!"

말을 마친 이홍렬 씨는 의자에서 내려와 발표를 하기 위하여 강단으로 올라갔다.

"안녕하십니까? 슷다리학회의 대표 이홍렬입니다. 오늘 저희가 준비한 연구 발표의 주인공은 펭귄입니다. 펭귄은……."

"그만!"

이휘자 씨는 자리에서 일어나 소리쳤다. 수많은 사람들이 그에게 시선을 집중했다.

"이홍렬! 더 망신당하고 싶지 않으면 당장 발표 집어 치우시지!"

"뭐라고? 이게 끝까지…… 한 번만 더 방해하면 회의장에서 끌어내겠어! 쫓겨나지 않으려면 당장 앉으라고!"

"당신이야말로 질질 끌려서 이 회의장을 나가고 싶지 않으면 발표 멈추고 내려와! 우리가 먼저 발표하겠어!"

두 학회의 갈등은 극에 다다랐고 결국 발표는 엉망이 되었다. 화가 잔뜩 난 이홍렬 씨는 이휘자 씨의 팔을 붙잡고 말했다.

"당신! 고소하겠어! 내 발표를 다 망치다니!"

이휘자 씨는 팔을 뿌리치며 말했다.

"나야말로 무식한 당신을 지구법정에 고소히겠이! 펭귄이 슷다리라고? 펭귄이 들으면 정말 기분 나빠할 거야! 어쨌든 법정에서 보자고!"

서로 등을 돌리고 각자 반대 방향으로 걸어갔다. 며칠 뒤 지구법정에서 두 사람은 다시 만났다.

"무식한 숏다리파!"

"건방진 롱다리파!"

결국 이휘자 씨와 이홍렬 씨는 마치 사자와 호랑이처럼 으르렁 거리며 누가 먼저랄 것도 없이 동시에 고소를 하였다.

남극에 사는 펭귄은 추운 날씨로부터 몸을 보호하기 위해 온몸에 털이 덮여 있습니다. 그래서 실제의 다리는 길지만 털에 가려서 아랫부분만 짧게 드러나 보이는 것입니다.

펭귄의 다리는 길까요? 짧을까요?
지구법정에서 알아봅시다.

 재판을 시작하겠습니다. 두 파가 싸우느라 정신없어 보이는데 진정하고 조용히 해 주십시오. 세계 동물에 대한 학회를 진행하다가 의견이 충돌해 싸우게 됐군요. 두 학파 모두 서로를 고소했기 때문에 양측 변론을 들어 보고 판단하겠습니다. 먼저 숏다리파의 변론을 맡은 지치 변호사부터 변론하십시오.

 동물원이나 텔레비전에서 펭귄을 종종 볼 수 있는데요, 펭귄을 한 번이라도 본 사람은 결코 펭귄 다리를 보고 길다고 말하지 못할 겁니다. 펭귄은 몸통이 통통하고 몸에 밀착된 두 개의 날개와 두 개의 짧은 다리를 가졌죠. 그런데 롱다리파에서 펭귄 다리가 길다고 우기고 있습니다. 게다가 숏다리파의 발표까지 망쳐 놓았으니 정말 가관이군요. 학회를 엉망으로 만든 점에 대해 세계적으로 사과하십시오. 그리고 정상적으로 학회를 다시 열어야 합니다.

 변론 잘 들었습니다. 저도 펭귄 다리가 짧아 보이던데…… 롱다리파에서 펭귄 다리가 길다고 하는 데는 이유가 있지 않겠습니까? 변론을 들어 보고 판단하지요. 롱다리파의 변론을

맡은 어쓰 변호사 변론해 주세요.

 저도 펭귄에 대해서 제대로 알지 못할 때에는 펭귄의 겉모습만 보고 펭귄의 다리가 짧다고 생각했습니다. 하지만 실제로 펭귄의 다리는 짧지 않습니다. 보다 자세한 설명을 드리기 위해 증인을 모셨습니다. 증인은 지난 15년 동안 펭귄을 연구하고 작년에 〈펭귄의 삶과 죽음〉이란 논문을 쓰신 펭귄 연구가 장핑퐁 씨입니다.

 증인 요청을 받아들이겠습니다.

펭귄을 너무나 아끼고 좋아하는 펭귄 연구가는 펭귄 모자에 펭귄 무늬의 외투를 입고 법정에 들어섰다. 증인석에 앉은 펭귄 연구가는 펭귄 다리가 짧다고 변론한 지치 변호사를 찌릿 한 번 흘겨보고 증인석에 앉았다.

 펭귄에 대해 15년 동안이나 연구하셨다니 펭귄에 대해 모르는 게 없겠군요. 펭귄은 어떤 동물입니까?

 펭귄은 모두 16종이 있으며 우리나라에서 흔히 볼 수 있는 펭귄은 황제펭귄이나 젠투펭귄 또는 로코코펭귄과 마젤란펭귄 등이 있습니다. 그리고 아프리카의 남단 쪽으로 내려가면 사막에 해안이 있는데 거기에도 펭귄이 서식한다고 합니다.

 그럼 펭귄의 다리가 짧다는 말이 맞습니까?

다리가 짧은 사람들을 보고 펭귄에 비교해 펭귄처럼 숏다리라고 하거나 펭귄처럼 뒤뚱거린다고 하는 사람이 있는데요, 제 입장에선 무식하게 보이지요. 하하! 펭귄의 다리는 탭댄스를 출 만큼 깁니다. 그리고 뒤뚱거리며 걷는 것은 에너지를 절약하기 위해서입니다. 보통 인간은 걸을 때 에너지를 65% 절약하는 반면 펭귄은 80%를 절약합니다.

그렇군요. 그런데 왜 펭귄 다리가 짧아 보이지요?

다들 아시다시피 펭귄은 털이 많습니다. 추운 지방에서 추위에 견디려면 그 정도의 털은 가지고 있어야겠지요. 이렇게 많은 털이 다리를 가려서 우리는 다리의 아랫부분만 보게 되니까 짧다고 생각하는 겁니다. 그리고 추위에 견디는 다른 이유는 동맥의 주위를 정맥이 빽빽이 둘러싸고 있으므로 체온을 잃는 법이 없으며 혈액 순환도 순조롭습니다. 게다가 피하 지방이 매우 두꺼운데 신장은 1.2m에 불과하지만 체중은 35~49kg에 이르니 비만형이지요.

실제로 펭귄 다리가 길다는 걸 어떻게 알 수 있을까요?

엑스레이로 찍어 보면 됩니다. 엑스레이에 찍힌 다리를 보고도 펭귄 다리가 짧다고 말할 수 있을까 하는 의문이 드는군요. 하하하! 펭귄 다리를 짧다고 한 사람들은 아마 두 눈이 휘둥그레질 겁니다.

엑스레이라는 간단한 방법이 있었군요. 설명 잘 들었습니다.

이로써 펭귄 다리가 길다는 걸 입증했습니다. 숏다리파에서는 펭귄에 대한 연구 발표를 포기하고 다른 다리 짧은 동물들을 찾아보는 게 좋겠습니다. 펭귄에 대한 연구는 롱다리파가 해야 합니다.

펭귄 다리가 길다는 사실이 놀랍군요. 펭귄에 관한 연구 발표는 롱다리파에서 해야겠군요. 숏다리파에서는 아쉽지만 다른 동물을 찾아보도록 하십시오. 그렇지만 지금처럼 계속 작은 문제 하나로 싸우면 학회가 제대로 진행이 안 되겠죠? 세계동물학회의 의미가 퇴색될까 세계 모든 사람들이 걱정하고 있습니다. 더 이상 싸우지 말고 화해하는 게 좋겠습니다. 이상으로 펭귄의 다리 길이 문제로 갈등하던 두 학파에 대한 재판을 마치겠습니다.

재판 후, 숏다리파는 수치스럽지만 자신들의 잘못을 인정하고 롱다리파에게 사과했다. 롱다리파도 비록 같은 연구 대상으로 싸우긴 했지만 숏다리파의 연구 자료가 너무나 훌륭해 그동안 숏다리파를 무시했던 것에 대해 사과했다. 이로써 두 학회는 화해하고 다시 합쳐 실력 있는 세계동물학회로 유명해졌다.

남극의 생물

극지의 혹독한 기후 조건 속에서도 식물과 동물은 살고 있습니다. 남극의 동물 가운데 가장 잘 알려져 있는 것이 펭귄으로 황제펭귄을 비롯한 8종이 있습니다. 펭귄은 조류에 속하는 동물이면서도 날지를 못하고, 그 대신 헤엄을 잘 쳐서 바다의 물고기를 잡아먹고 삽니다. 그 밖에 갈매기와 바다표범이 있으며, 이들도 해안 지역에서 물고기를 먹이로 삼고 있습니다. 곤충류도 있지만 그 종류는 적습니다.

바다표범 사냥 대회

에스키모들은 바다표범 사냥을 어떻게 할까요?

북극에서는 오랜 전통으로 해마다 바다표범 사냥 대회가 열렸다. 올해에는 대회 600주년을 기념하기 위하여 새로운 테마로 사냥 대회를 개최하였다. 마치 할로윈 파티나 가장 무도회를 하듯 사람들이 제각기 준비한 가면 또는 복장을 하고 사냥을 하는 것이었다. 대회의 상금 또한 600주년답게 어마어마했다. 대회를 주관하는 위원회에서는 여러 번의 회의를 하였다. 위원장은 단호하게 말했다.

"이번 대회는 남극과 북극의 사람들은 참가하지 못하도록 해야 합니다."

남극만 위원이 반기를 들었다.

"무슨 소리입니까? 지금까지 이 대회를 이끌어 온 사람들은 남극과 북극 사람들인데……"

위원장은 남극만 위원의 말을 자르며 언성을 높였다.

"그래서 더욱 안 됩니다. 세계적인 대회로 만들기 위해서는 외부 사람들이 많이 와야 합니다. 그런데 남극과 북극의 사람들은 이미 수백 년 동안 참가해 왔기 때문에 누구보다 대회의 규칙이나 방법을 잘 알고 있습니다. 남북극 사람들이 우승할 것이 뻔한데 누가 대회에 참가하겠습니까?"

위원장의 말을 듣고 보니 정말 그럴듯했다. 결국 남북극 사람들의 참가를 제한하기로 결정하고, 상금 액수를 정하여 언론이나 방송 매체를 통하여 세계적으로 공고했다. 공고문의 내용은 이러했다.

2222년 2월 22일 2시. 북극에서 올해로 600주년을 맞이하는 바다표범 사냥 대회가 열립니다. 600주년을 기념하기 위하여 특별한 이벤트를 마련하였으니 많은 분들의 참여 바랍니다. 1등에게는 상금 6백만 달란을 드리겠습니다. 행운의 주인공이 되시기 바랍니다.

참고: 참가자의 인원수를 제한합니다. 선착순 1000명입니다.
      남북극 사람들은 대회의 형평성을 위하여 이번 대회에는
      참가할 수 없습니다. 신청은 2월 1일부터 2월 3일까지.

서두르세요! 대회에 참가하시는 분들께서는 자신이 직접 만든 의상과 가면을 꼭 준비해 오십시오! 평상복은 입장이 불가능합니다.

대회가 한 달 앞으로 다가오자 북극의 마을 사람들과 대회 준비 위원회는 정신없이 바빠졌다. 전 세계에서 몰려드는 문의 전화와 신청서를 받느라 눈코 뜰 새가 없었다. 신청 첫날인 2월 1일. 단 1분 만에 신청 인원이 꽉 찼다. 6백만 달란이라는 금액은 복권에 당첨되지 않는 한 평생을 벌어도 만져 보지 못할 엄청난 액수였다.

드디어 대회 당일! 수많은 취재진과 참가자들로 북극에도 열기가 돌았다. 공고를 한 대로 사람들은 제각기 특이한 옷과 가면을 착용하고 왔다. 어떤 사람은 둘리 복장에 얼굴을 초록색으로 칠하고 왔다. 마녀 복장을 한 사람도 있었고, 드라큘라 백작처럼 하고 온 사람도 있었다. 저마다 눈에 띄는 차림을 하고 온 것이었다. 대회 준비 위원장은 무대에 올라가 마이크를 잡았다.

"안녕하십니까? 저는 북극 바다표범 사냥 대회의 준비 위원장 원시인입니다. 오늘 이러한 뜻깊은 행사에 이렇게나 많은 분들이 참여해 주셔서 정말 감사드립니다. 모두들 각자 개성이 넘치는 훌륭한 복장들을 하고 오셨군요! 저희 바다표범 사냥 대회는 600주년을 맞이한 대회인 만큼 오랜 전통이 있는 대회입니다. 물론 6백만 달란이라는 어마어마한 상금을 타기 위하여 오신 분들도 있겠지만 대회에 참가하시는 분들이 저희 북극에 대한 사랑을 조금이나마 느끼고 가셨으면 하는 바람입니다. 여러분, 그럼 먼저 패션쇼를 하도록 하겠습니다. 참가자 전원이 모두 모델이 되시는 겁니다. 그중에 베스트 모델상을 뽑아 상금 600달란을 드릴 것입니다. 다들 무대로 올라와 주십시오."

대회의 참가자들은 차례대로 한 명씩 무대에 올라가 마치 전문 모델들처럼 포즈를 잡고 섰다. 피에로 복장을 한 사람이 가장 먼저 무대에 올랐다.

"안녕하세요! 저는 삐리삐리나라에서 온 슬로우예요. 제 복장은 피에로 복장인데요, 이 옷은 저희 삐리삐리나라의 전통 의상입니다. 포인트는 바로 제 딸기코랍니다. 하하하!"

다음은 배트맨 복장을 한 사람이 올라왔다.

"저는 어둠나라에서 온 방가입니다. 제가 입은 검은 배트맨 복장은 지금 저희 어둠나라에서 최신 유행하고 있는 옷입니다. 멋있죠?"

1000명의 참가자들의 패션쇼는 좀처럼 끝이 나지 않았다. 마침내 999번째 참가자가 무대에 섰다. 매우 특이하고 희한한 복장의 소년이었다.

"저 사람 뭐야?"

관객들도 수군거리기 시작했다. 소년의 얼굴은 지저분했다. 머리는 며칠을 감지 않은 것처럼 흐트러져 있었다.

"저는 우가나라에서 온 차카입니다. 제가 입고 있는 옷은 에스키모의 옷을 따라 만든 것입니다. 왠지 바다표범 사냥 대회와 어울릴 것 같아서 입어 봤습니다. 좀 지저분해 보이지만…… 나름 괜찮지 않습니까?"

사람들의 반응은 시큰둥했다.

"뭐…… 안 괜찮으면 말고요……."

차카는 무안한 듯 머리를 긁적이며 무대에서 내려갔다. 참가자들의 패션쇼가 끝나고 기다리던 바다표범 사냥 대회가 열렸다. 위원장은 마이크를 켜고 말했다.

"자, 여러분! 오랫동안 기다리셨던 바다표범 사냥 대회를 지금 시작하도록 하겠습니다. 모두들 준비되셨습니까?"

"네!"

사람들은 모두들 흥분한 상태였다. 6백만 달란이 눈앞에 아른거렸기 때문이다.

"시작합니다. 셋! 둘! 하나! 빵!"

총소리와 함께 참가자들은 분주해지기 시작했고 시간이 점점 흐르면서 유독 한 소년이 눈에 띄었다. 정신없이 바다표범을 잡고 있는 모습이 남극 사람들보다도 더 능숙했다. 그는 999번째로 패션쇼를 한 이글루 복장의 소년이었다. 한 시간이 지나고 대회의 종료를 알리는 종이 쳤다. 사람들은 한 마리라도 더 잡기 위해 안

간힘을 썼다. 종이 울린 뒤 참가자들은 각자 잡은 바다표범의 개수를 세어 보았다. 결과는 차카의 승리였다.

"어머! 세상에……."

"좋겠다! 6백만 달란이나 받고…… 부럽다!"

바다표범 사냥 대회의 폐회식이 거행되고 차카는 1등 메달을 목에 걸었다. 그런데 상금을 받으려는 순간 누군가가 소리쳤다.

"말도 안 돼! 이건 사기야! 사기라고!"

한 아줌마가 고래고래 소리를 지르며 달려 나왔다.

"뭔가 속임수가 있어요! 어떻게 어린아이가 1등을 할 수 있죠? 무언가 눈속임을 한 거예요. 이봐요, 사실대로 말해요!"

차카는 너무나도 당황했다.

"아니에요. 저는 그냥 몰려드는 바다표범을 잡은 것뿐이에요. 사기라니요. 말도 안 돼요!"

아줌마는 씩씩 거리며 말했다.

"내가 이럴 줄 알았어! 그렇게 허름하게 변장한다고 내가 불쌍하게 봐줄 것 같아? 어서 고백하라고!"

차카는 정말 억울했다. 자신은 절대 속인 게 없었다. 생각할수록 기분이 나빠졌다.

'단지 이글루 복장이 맘에 들어서 입고 온 것뿐인데 그게 뭐가 문제지? 이대로 있다가는 괜히 억울하게 누명만 쓸 것 같아.'

"아무튼 나는 이런 큰 대회에서 속임수나 쓰는 사람들, 절대 용서할 수 없어! 당장 당신을 지구법정에 고소하겠어. 쳇!"

결국 차카는 대회 참가자 몇백 명에게 고소를 당하였다.

*** 이 장의 주제인 바다표범 사냥은 현재 국제적인 비난의 대상이 되는 등 국제 사회의 논란이 되고 있습니다. 그럼에도 불구하고 바다표범 사냥을 이 장의 주제로 택한 것은 에스키모들의 생계 수단 중 하나인 바다표범 사냥에 숨겨진 생활의 지혜가 과학적으로 어떻게 관련되는지 설명하기 위함임을 밝힙니다.

에스키모들은 물고기, 순록, 바다표범 등을 사냥하여 생활합니다.
고기는 먹고 가죽은 옷, 신발, 배 등을 만들어 쓰거나 팔아서 생계를 유지하지요.
바다표범은 극지방에 사는 에스키모에게 중요한 동물입니다.

**차카는 어떻게 바다표범을
잘 잡을 수 있었을까요?**
지구법정에서 알아봅시다.

 재판을 시작하겠습니다. 바다표범 사냥
대회 도중에 갑자기 고소가 들어오다
니…… 대회 진행을 위해서 빨리 재판을
시작하겠습니다. 원고측 변호사 변론하세요.

 북극 바다표범 사냥 대회에서 1등을 할 정도라면 사냥 기술
이 탁월해야 합니다. 피고는 북극 사람도 아니고 나이도 많지
않아서 경험이 별로 없을 것 같은데 어떻게 그렇게 사냥을 잘
할 수 있었을까요? 피고가 바다표범을 사냥하는 데 특별한
무언가가 있었으리라 확신합니다.

 무슨 특별한 것을 말하는 겁니까? 확실하게 변론해 주십시오.

 피고가 사냥에 천부적인 능력을 타고난 게 아니라면 그 정도
로 사냥을 잘할 수 있는 방법은 사냥 규칙을 어기고 먹이를
많이 사용했다거나 바다표범에게 이상한 약을 사용했을지 모
른다는 겁니다. 2차 재판이 진행이 된다면 이 부분을 집중 조
사하도록 하겠습니다.

 음…… 아직은 전혀 확실한 사실이 아니군요. 확실한 변론은
언제쯤 들을 수 있을까요? 에효~~! 그렇지만 만약 원고측

변론이 사실이라면 절대 가벼운 경고나 배상 차원에서 판결을 내리지 않을 것입니다. 피고측 변론이 판결을 크게 좌우하겠군요. 피고측 변론하십시오.

 원고측 변론대로 피고가 사냥을 잘할 수 있었던 이유는 피고의 사냥 기술이 뛰어나서가 아닙니다. 하지만 피고가 부정한 방법으로 1등을 한 것은 더더욱 아닙니다. 바다표범 사냥 대회에서 어린 피고가 부정을 저질렀다면 판사님 말씀대로 정말 용서받지 못할 일이겠지요.

 그렇다면 무슨 이유가 있단 말입니까?

 어린 피고의 사냥 기술에 대한 의문을 풀어 주기 위해 북극사냥기술대학의 김열정 교수님이 자리해 주셨습니다. 증인의 요청을 받아 주십시오.

네, 받아들이겠습니다.

마흔이 채 되지 않은 듯 아주 젊어 보이는 남자가 에스키모 복장을 하고 법정에 들어섰다. 어린 차카와 눈이 마주치자 밝게 웃어 주고는 증인석에 앉았다.

 이번 내회는 상금이 6백만 달란이나 걸려 있어서 사람들이 1등을 한 피고를 의심하면서 일어난 사건입니다. 피고가 사냥에서 부정한 행동을 하지 않았다는 것을 밝혀 주셨으면 합니

다. 어린 피고가 어떻게 사냥 대회에서 1등을 할 수 있었을
까요?

부정한 행동을 할 정도로 나빠 보이진 않는데요. 하하! 이번
대회는 특이한 복장과 가면을 하도록 했다고 들었습니다. 그
래서 피고도 에스키모 복장을 했다지요? 여기에 사냥을 잘했
던 이유가 있습니다.

옷에 이유가 있단 말씀이십니까? 자세한 설명을 부탁드립니다.

그렇습니다. 피고가 입은 옷은 동물들의 털이나 가죽으로 만
든 옷입니다. 잠시 에스키모들에 대해 설명을 드리자면 그들
은 고기잡이나 순록 사냥 등을 통하여 모피나 상아 조각 따위
를 구해 생활에 이용합니다. 또한 바다표범 고기를 주식으로
하고 가죽은 질기기 때문에 겨울용 부츠나 신발 바닥으로 사
용했습니다. 그리고 배를 만들어 수렵이나 수송 수단으로도
사용하기도 했지요.

신발 바닥을 바다표범의 가죽으로 만드는 이유가 있나요?

신발 바닥이 가죽으로 되면 마찰력을 크게 하여 얼음에서 잘
미끄러지지 않게 하고 보온 효과가 있어 발을 따뜻하게 해 주
기 때문입니다.

그렇다면 피고는 바다표범의 가죽을 걸쳐서 바다표범의 경계
를 피하고 잘 미끄러지지 않는 신발 때문에 다른 참가자보다
사냥을 잘한 거군요.

 그렇지요. 바다표범들이 다른 사람들은 많이 피했겠지만 같은 가죽을 뒤집어쓴 피고는 거의 피하지 않았다고 볼 수 있습니다. 그리고 신발 덕분에 얼음판에서 바다표범을 잡는데 유리했을 거고요.

 그렇다면 더 이상 의심받을 이유가 없군요. 피고는 정당하게 사냥 대회에서 1등을 했으므로 상금 6백만 달란을 받을 권리가 있습니다. 그동안 잘못도 없이 마음 고생한 피고에게 사과할 것을 요구합니다.

북극 바다표범 사냥 대회를 주최한 위원장은 피고에게 상금을 전달하고 상처받은 피고에게 사과의 뜻을 전하도록 하십시오. 갈수록 바다표범이 줄어들고 있다는 소식이 전해지고 있습니다. 앞으로 바다표범 사냥 대회를 하기 전에는 허가를 받아서 행사를 하도록 하십시오. 머지않은 미래에 이 대회가 사라질지도 모를 일이니 지금부터 동물들을 보호해야겠습니다.

재판이 끝난 후, 차카는 대회의 우승을 인정받고 600민 딜란의 상금도 받았다. 그리고 이 사건이 있고 난 다음 해부터는 대회에 참가하는 모든 사람들이 바다표범 가죽으로 된 옷과 신발을 걸치고 대회에 참가했다.

코끼리바다표범

다 자란 코끼리바다표범의 수컷은 몸길이가 5~6m 정도이고 몸무게도 5t 정도이다. 한 마리의 수컷을 중심으로 많은 암컷이 모여 산다. 코끼리바다표범은 겨울에는 바다에서 지내고 봄이 되면 바닷가로 올라와 짝짓기를 한다.

크릴새우를 지켜라

크릴새우가 사라지면 안 되는 이유는 무엇일까요?

국제새우협회의 회장 박명순 씨는 오늘도 회장실의 푹신한 가죽 의자에 앉아 달콤한 낮잠을 즐기고 있었다.

"회장님! 큰일 났습니다."

방정맞은 김 비서가 노크도 없이 문을 벌컥 열며 들어왔다.

"김 비서! 예의를 갖추란 말이야! 도대체 몇 번을 말해야 하는 거야! 정말 기본적인 에티켓이 없어!"

김 비서는 아랑곳하지 않고 숨을 헐떡거리며 입을 열었다.

"회장님! 지금 이러고 있을 때가 아닙니다. 텔레비전을 보십시오!"

"뭐? 갑자기 무슨 뚱딴지 같은 소리야? 대낮에 뭐 재미있는 거라도 하나?"

박명순 씨는 긴가민가하며 리모컨의 전원 버튼을 눌렀다. 화면에서는 그가 평소 좋아하던 예쁜 박지운 아나운서가 나왔다.

"뉴스 속보입니다. 환경 오염으로 인해 바다 새우들의 등이 쭉 펴지더니 죽어 버렸습니다. 아무래도 이제 우리 밥상에서 새우를 보기는 힘들 것 같습니다. 정말 심각한 상황인데요, 새우 관련 직종에 종사하시는 분들의 생계도 걱정이 됩니다."

박명순 회장의 눈이 휘둥그레졌다.

"뭐야? 어떻게 그런 일이! 도대체 관리를 어떻게 했기에 새우들이 그 모양이야? 작년에 판매하고 남은 새우는 얼마나 되나?"

박명순 씨는 버럭 화를 내며 호통을 쳤다.

"작년의 것은 얼마 남지 않았습니다. 그리고 그것들은 싱싱하지가 않아서 판매를 하기에는 힘들 것 같습니다. 저희 어떡합니까? 완전 망했습니다."

"시끄러워! 망하기는 누가 망해? 아유…… 당장 긴급 회의 소집하라고!"

그는 눈앞이 캄캄했다.

'내가 어떻게 해서 이 자리에 앉았는데…… 이러다가 새우협회가 없어지기라도 하면…….'

그가 회장의 자리에 앉기까지는 많은 어려움이 있었다. 어렸을 때부터 새우잡이 배를 타고 일 년의 반 이상을 바다 위에서 살았다. 비록 배운 것은 없지만 새우에 관한 한 그를 따라올 자가 없었다. 사람들은 그를 천박하다며 싫어했지만 그동안 그가 모았던 돈은 사람들의 마음을 사로잡기에 충분했다.

"이대로 무너질 수 없어!"

그의 눈빛은 매우 강렬했다. 마치 레이저라도 나올 기세였다. 갑작스러운 연락을 받은 새우협회의 회원들이 회의장에 모였다. 모두들 얼굴에는 근심이 가득했다.

"이제 우리는 굶어 죽게 생겼어. 할 줄 아는 거라고는 새우잡이밖에 없는데……."

"무슨 방법이 없을까? 흑흑흑……."

웅성거리던 사람들은 회장이 들어오자 조용해졌다.

"자, 다들 모이셨습니까? 오늘 제가 왜 회의를 소집했는지 짐작하셨겠죠? 우리의 새우협회가 아주 큰 위기에 봉착했습니다. 이번 위기는 우리 모두가 힘을 합쳐 해결해야 합니다. 축 처져 있다고 해서 문제가 해결되는 것이 아닙니다. 이럴 때일수록 어깨를 활짝 펴고 힘을 냅시다!"

사람들은 한숨만 내쉬었다. 그때 인상이 험악하게 생긴 청년이 벌떡 일어났다.

"지금 그런 위로 따위는 우리에게 필요 없습니다. 생계가 달린 일입니다. 회장님처럼 협회라는 단체가 중요한 것이 아닙니다. 어서 현실적인 해결 방안을 논의합시다!"

"옳소!"

사람들은 청년의 의견에 모두 동의하였다. 순간 박명순 회장은 자신의 자리에 대한 강한 위기의식을 느꼈다. 뭔가 기발한 방안을 내놓지 못한다면 지금의 자리를 지킬 수 없을 것 같았다. 그렇다고 딱히 떠오르는 아이디어도 없었다. 이때 김 비서가 회장에게 다가가 회장의 귀에 입을 대고 속삭였다.

"회장님! 저에게 좋은 생각이 있습니다."

"뭐?"

박명순 씨는 김 비서의 얼굴에서 광채를 느꼈다.

'그래, 개똥도 약에 쓴다고, 너도 쓸모가 있구나!'

"회장님, 남극에 크릴새우가 어마어마하게 많다고 들었습니다. 그것들을 모조리 잡아서 우리 협회에서 판매하는 겁니다."

"남극의 크릴새우? 그래, 바로 그거야! 하하하!"

회장은 다시 마이크를 켰다.

"아아, 여러분! 제가 해결 방안을 골똘히 생각해 보았습니다. 우리 국제새우협회가 살아남는 길은 바로 남극의 크릴새우입니다."

"크릴새우?"

"남극?"

사람들은 웅성거리기 시작했다. 험악한 청년은 또 일어섰다.

"여러분! 당장 남극으로 갑시다. 우리가 먹고살 수 있다는데 그게 남극인들 어떻습니까? 새우만 잡을 수 있다면 저 지구 밖이라도 한걸음에 갈 수 있습니다. 허허허!"

회의장은 마치 연설장처럼 열기가 달아올랐다. 회장은 사람들이 자신의 의견에 동의하고 기뻐하는 것을 보자 뿌듯했다.

"김 비서! 자네가 이번에 정말 훌륭한 의견을 냈어. 하하하!"

"회장님, 그 정도는 기본입니다. 하하하!"

국제새우협회의 회원들은 다음 날 남극으로 갈 준비를 하였다. 이 소식은 전파를 타고 온 세상에 알려졌다. 텔레비전에서는 앞다투어 보도하기 시작했다.

"뉴스 속보입니다. 어제 새우들의 떼죽음 소식을 들은 국제새우협회의 회원들이 긴급 회의를 거쳐 오늘 남극에 싱싱한 크릴새우를 잡으러 출국한다고 합니다. 이제 다시 우리 식탁에서 맛있는 새우를 먹을 수 있게 되는 건가요? 호호호!"

뉴스를 보던 남사모, 즉 남극을 사랑하는 모임의 회원들은 토끼 눈이 되었다.

"아니…… 저런…… 말도 안 돼!"

남사모 회원들은 누가 먼저랄 것도 없이 공항으로 모였다.

"다들 뉴스 보셨죠? 이 일은 꼭 막아야 합니다."

남사모의 회장 나펭귄 씨는 이를 악물었다. 그때 저 멀리서 국제새우협회의 회원들이 공항으로 들어왔다.

"저기요!"

남사모 회원들은 박명순 씨에게 다가갔다.

"저희는 남극을 사랑하는 모임의 회원들입니다. 지금 남극으로 가시는 겁니까?"

"하하하! 우리를 도와주러 오셨구먼! 잘 왔어요. 안 그래도 남극은 처음이라 걱정을 했는데 잘됐군!"

박명순 회장은 나펭귄 씨에게 악수를 청했다. 그러나 나펭귄 씨는 그를 무섭게 노려보았다.

"무식한 회장님!"

"뭐라고? 당신들 누구야?"

"남사모라고 말씀드렸잖아요! 남극의 크릴새우를 다 잡아서 파시려고요? 절대 그럴 수 없습니다."

"뭐야? 참나, 저리 비켜! 여러분! 얼른 서두릅시다. 비행기 시간이 얼마 안 남았어요."

남사모 회원들은 국제새우협회 회원들의 앞길을 막아섰다.

"남극에 크릴새우가 없어지면 남극의 모든 동물들이 죽습니다."

"무슨 말도 안 되는 소리야? 아무튼 우리 지금 바쁘니까 어서 비키라고!"

"당신들이 저 비행기를 타는 즉시 지구법정에 고소하겠습니다."

"마음대로 하라고. 자! 여러분 서두릅시다."

결국 국제새우협회 회원들은 남극행 비행기에 탑승하였고, 남사모의 회원들은 그 길로 지구법정으로 달려가 그들을 고소하였다.

남극에 사는 크릴새우는 오징어·해조·어류 등의 먹이가 되고,
이런 생물들은 다시 새·해표·펭귄·고래 등의 먹이가 되어
남극의 먹이 사슬을 유지합니다.

크릴새우가 없어지면 남극의 동물들도
죽을까요?
지구법정에서 알아봅시다.

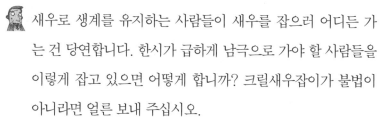

재판을 시작하겠습니다. 비행기를 타고
출국하려다가 고소를 당하고 법정으로 왔
나 보군요. 잘못이 없다면 오래 잡고 있는
게 실례가 될 테니 피고를 위해서 재판을 빨리 진행해야겠습
니다. 피고측 변론하십시오.

새우로 생계를 유지하는 사람들이 새우를 잡으러 어디든 가
는 건 당연합니다. 한시가 급하게 남극으로 가야 할 사람들을
이렇게 잡고 있으면 어떻게 합니까? 크릴새우잡이가 불법이
아니라면 얼른 보내 주십시오.

남극을 사랑하는 모임이라는 남사모에서는 크릴새우를 잡으
면 남극의 동물들이 죽는다고 하는데 꼭 가야 합니까?

크릴새우가 남극의 군인 역할을 하지는 않을 텐데요. 하하
하! 도대체 남극의 동물들과 크릴새우 사이에 무슨 관련이
있는 겁니까?

으이구, 그럼 크릴새우가 왜 남극에 필요한지도 모릅니까?
도대체 변론 준비를 제대로 했는지 의심스럽군요. 피고측 변
호사에게 바랄 걸 바라야지. 원고측 변호사는 제대로 변론 준

비를 해 왔겠지요. 원고측 변호사 변론하십시오.

 크릴새우가 요즘 들어 각광받고 있는 것 같군요. 실제로 크릴 새우는 우리 주위에서 볼 수 있는 일반적인 새우와는 다르다 고 합니다. 크릴새우에 대해서 말씀해 주실 분을 증인으로 모 셨습니다. 증인으로는 남극생태계연구센터의 최대왕 팀장님 이 자리해 주셨습니다.

 증인 요청을 인정합니다.

어깨에 힘을 준 40대 초반의 남성이 가죽으로 된 외 투와 부츠를 착용하고 증인석에 앉았다.

 크릴새우는 어떤 새우입니까?

 크릴새우는 일반적인 새우와는 차이가 있습니다. 일반 새우 는 아가미가 보이지 않고 바다 바닥에서 삽니다. 이에 비해 크릴새우는 아가미가 겉에서 보이며 여름에는 해수면 가까이 에서 플랑크톤을 먹고 겨울이 되면 해저 바닥 가까이에서 죽 은 플랑크톤의 파편을 먹고 삽니다. 크릴새우는 부화한 지 2 년이면 성숙 단계에 접어들어, 입 주위에 미세하게 발달된 수 염 같은 필터를 이용하여 작은 플랑크톤이나 생물을 잡아먹 습니다. 여름철 남극해에 많이 서식하는데 물 1m³에 수십 kg 씩 있기도 합니다.

 남극에 크릴새우가 없어지면 어떤 일이 일어납니까?

 크릴새우는 여름에 크게 자라서 오징어, 해조, 어류 등의 먹이가 됩니다. 참고로 크릴은 '고래 밥'이라는 뜻의 노르웨이 말이라고 합니다.

 그럼 남사모 회원들은 크릴새우가 오징어, 해조, 어류의 먹이가 되기 위해서 없어서는 안 된다는 겁니까?

 그렇지는 않습니다. 그보다 더 중요한 이유가 있지요. 크릴을 먹은 오징어는 또다시 새, 해표, 펭귄, 고래 등의 먹이가 되는데 이들이 먹는 오징어의 양은 1년에 약 3천만 톤에 달합니다. 크릴새우가 없어진다면 오징어의 양이 엄청나게 줄어들게 되고 생태계가 위협받게 될 겁니다. 따라서 크릴새우는 생태계의 먹이 사슬을 유지하는 데 가장 중요한 역할을 하는 것이지요.

 그렇군요. 남사모 회원들은 사람들이 크릴새우를 많이 잡으면 남극 생태계가 무너질 위험이 크다는 걸 잘 알고 있었기 때문에 막았던 거군요. 우리는 후손을 위해서라도 생태계를 보호할 의무가 있습니다. 크릴새우를 잡는 것은 일단 보류해야 합니다.

 크릴새우를 무작정 잡는 건 너무 위험한 일인 듯합니다. 남극과 국가들 사이에 회담을 거쳐서 생태계에 위협을 가하지 않도록 수위를 정하십시오. 그 후에 각 나라마다 잡을 수 있는 크릴새우의 양을 배당받은 후에 남극으로 출국할 것을 허락합니다. 이상으로 재판을 마치겠습니다.

재판 후, 박명순 씨는 최대왕 팀장과 의논하여 잡을 수 있는 크릴새우의 양을 정해 출국했다. 또 새우 무역을 통해 남극과의 사이도 좋아져서 많은 것들을 서로 교류했다.

 남극해

남빙양이라고도 한다. 태평양·대서양·인도양의 가장 남쪽에 있다. 남극해는 표면의 수온이 낮아서 대체로 수심 150m까지는 생물이 거의 없고, 특히 겨울에는 눈으로 덮여 있다. 부근에는 테이블 모양의 빙산이 많아 항해하기 힘들다.

뿔이 난 고래

전설 속의 유니콘처럼 뿔이 달린 고래가 있을까요?

"이번 과제는 다음 학기 성적에 크게 반영할 만큼 아주 중요합니다. 아주 꼼꼼히 채점할 거니까 다른 사람의 것을 베끼거나 대충 할 생각은 버리세요. 북극에 대한 어떠한 주제도 상관없습니다. 기나긴 방학 동안 세 명씩 조를 나누어서 열심히 작품을 만들어 봅시다. 그럼 여러분, 모두 최선을 다해서 제출하도록 하십시오!"

생물학과 고지식 교수는 종강에서까지도 학생들에게 과제를 안겨 주었다. 학생들은 투덜대며 자리에서 일어났다.

"방학 과제라니 말이 돼? 무슨 초등학교도 아니고…… 정말 너무해. 상큼한 1학년인데 매일같이 과제 더미에 묻혀 살다니……."

"그러게. 고 교수님은 너무 심하서. 방학 동안은 좀 편하게 쉴 수 있으려나 했는데…… 숨이 막힌다. 휴~!"

"그나저나 다음 학기 성적에 50%나 반영된다는데? 대충 했다가는 완전 망하는 거야."

미녀 삼총사로 불리는 영애, 태희, 지현이는 방학 과제를 두고 걱정이었다. 그때 갑자기 태희가 무언가 떠올랐다는 듯이 말했다.

"애들아! 우리 이번 과제 정말 제대로 써 볼까?"

"갑자기 그게 무슨 소리야?"

"왜? 북극이라도 가게?"

태희는 고개를 끄덕였다. 영애와 지현이는 깜짝 놀라 말했다.

"야! 농담하지 마!"

"그래, 무슨 북극까지 가냐?"

"내 말 좀 들어 봐! 이번 방학에 딱히 할 일도 없고 여행도 할 겸 가는 거야. 그리고 우리가 북극까지 직접 갔다 왔다고 하면 교수님께서 그 성의를 봐서라도 성적을 잘 주시지 않을까?"

"글쎄……."

세 사람은 머리를 맞대고 고민하기 시작했다. 그리고 결국 며칠 후 북극행 비행기를 타게 되었다.

"와~! 드디어 출발!"

"미녀 삼총사 북극 가다. 북극아 기다려라! 호호호!"

"우리 셋이 여행가니까 너무 좋다. 야호!"

북극에 도착한 세 사람은 며칠 동안 사진만 찍으며 관광하는 데 정신이 팔려 있었다. 그러나 시간이 조금씩 지나면서 원래의 목적인 과제가 걱정되기 시작했다. 밤이 되어 세 사람은 숙소에 누웠다.

"야, 우리 이제 슬슬 과제 준비해야 하지 않을까?"

"그러게. 그동안 신나게 노느라고 깜박 잊고 있었네."

"아유, 그 생각을 하니 갑자기 잠도 안 온다."

다음 날 눈을 뜬 삼총사는 사진기와 필기도구를 준비하여 밖으로 나갔다.

"주제는 바다 생물로 할까?"

"바다 생물?"

"그래! 사진도 직접 찍을 수 있고…… 좋은 생각 같아. 호호호!"

하루 종일 특이한 바다 생물을 찾느라 이곳저곳을 헤매고 다녔다. 몇 시간을 돌아다니자 발이 퉁퉁 부었다.

"관광 다닐 때는 아무리 걸어도 힘들지 않았는데…… 과제 때문에 돌아다닌다고 생각하니까 너무 지친다."

"그래, 우리 일단 숙소로 돌아갈까?"

"응, 나 배도 너무 고프고, 춥고……."

미녀 삼총사는 결국 아무런 소득도 없이 숙소로 돌아와 식사를 하고 각자 침대에 누웠다. 셋 다 발이 퉁퉁 부어 있었다.

"정말 싫다. 너무 너무 너무……."

"난 발이 부어서 거인 발 같아."

태희는 이런저런 책들을 뒤적이며 말했다.

"애들아! 우리 이제 이틀 후에는 돌아가야 해. 그동안 너무 놀기만 했나 봐. 과제는 하나도 안 했는데…… 내일은 반드시 뭐라도 찾아내야 해! 오늘은 이만 일찍 자도록 하자."

"그래, 정말 피곤한 하루였어."

삼총사는 금세 잠이 들었다. 아침이 되어 삼총사는 식사를 든든히 하고 준비물을 챙겨 들고 나섰다. 한참을 돌아다니다가 잠시 쉬기 위해 바닥에 털썩 주저앉았다.

"태희야! 우리 정말 이러다가 과제 하나도 못하는 거 아냐?"

"어떡해…… 내일이면 돌아가야 하는데……."

"오늘 꼭 찾을 수 있을 거야! 힘내자!"

태희는 주위를 두리번거렸다. 순간 태희의 눈에 무언가 번쩍거리는 것이 보였다.

"애들아! 저게 뭐지?"

수면 위에서 무언가가 움직였다.

"고래 아냐?"

"유니콘처럼 뿔이 있네."

"그러게…… 신기하네."

아무렇지 않게 말을 하던 세 사람은 동시에 서로를 바라보았다.

"저거야!"

영애는 사진기를 들고 그것을 찍기 시작했다. 태희는 무언가를 노트에 적었다. 지현이는 마냥 신기해서 어쩔 줄을 몰라 했다. 다음 날 삼총사는 가벼운 발걸음으로 북극을 떠났다.

겨울 방학이 끝나고 삼총사는 당당하게 생물학과 교수실의 문을 두드렸다.

"교수님!"

"미녀 삼총사가 웬일로 과제를 일찍 가져왔냐?"

"저희 이번에 북극 다녀왔어요."

"오~ 정말? 과제 때문에 갔을 리는 없을 텐데…… 너희들 놀다 가 왔지?"

"아니에요! 저희 정말 과제하려고 북극까지 갔다 왔단 말이에요."

"알았다. 그래, 과제물은?"

"여기 있습니다."

분홍색 표지와 빨간 리본으로 과제물을 포장한 모양이 미녀 삼총사다웠다.

'킁킁!'

교수는 리포트 용지에 코를 갖다 대었다.

"교수님! 그거 사날 향수예요. 호호호!"

지현이는 뿌듯하다는 듯 말했다.

"리포트 겉은 정말 화려하구나. 내용도 알찬가? 미녀 삼총사야, 아무튼 정말 대단하다!"

얼마 뒤 성적 발표가 났다. 그런데 영애가 울상을 짓고 강의실로 들어왔다.

"얘들아, 우리 낙제래. 흑흑흑!"

영애는 참았던 눈물을 터뜨렸다.

"말도 안 돼! 북극까지 갔다 왔는데……."

"뭔가 잘못된 거야. 영애야, 그만 울고 교수님께 가자."

삼총사는 교수실로 찾아갔다.

"교수님, 저희 성적이 이해가 안 가요. 저희는 북극까지 직접 가서 사진도 찍고…… 가장 열심히 한 과제란 말이에요."

태희는 억울한 듯이 울먹이며 말했다. 영애와 지현이는 이미 눈물을 뚝뚝 흘리고 있었다. 고지식 교수는 세 사람의 얼굴을 번갈아 보며 말했다.

"너희 삼총사는 리포트 용지만 잔뜩 꾸민 게 아니라 내용도 꾸몄더구나. 사진도 어디서 그런 걸 어설프게 합성을 했는지…… 뿔이 달린 고래라? 그럼 유니콘도 실제로 있겠네. 내가 너희한테 속을 줄 알았냐? 성적은 객관적이고 매우 엄격하게 매겨져야 해! 너희는 누가 뭐래도 낙제야!"

"교수님! 저희는 정말 본 대로 찍고, 조사한 것뿐이에요. 너무하세요."

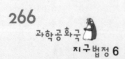

"다들 그만 나가거라."

삼총사는 정말 억울했다. 발이 퉁퉁 부을 정도로 고생을 하며 열심히 작성한 과제물이 거짓이라니! 결국 지구법정에 고지식 교수를 제소하기로 결정했다.

북극에 사는 일각돌고래는 머리 앞쪽에 몸길이의 반만 한 긴 뿔을 가지고 있습니다. 사실은 뿔이 아니라 왼쪽 앞니가 비틀어져 자라난 것입니다.

뿔이 달린 고래가 정말 있을까요?
지구법정에서 알아봅시다.

 재판을 시작하겠습니다. 이런~ 무슨 초상집도 아니고 예쁜 여학생들이 왜 이렇게 울고 있죠? 눈물 그만 흘리고 문제를 해결하도록 합시다. 피고측 변론하세요.

 뿔이 달린 고래를 보신 적 있으신가요? 생물계에 뿔이 달린 고래에 대한 기록은 없습니다.

 본 적은 없습니다만 정말 기록을 찾아보시고 말씀하시는 겁니까?

 음…… 그게…… 아무도 본 적이 없으니까 없는 거지요.

 어이가 없군요. 과제를 위해 북극까지 다녀온 세 여학생이 보았다고 하는데요. 사진도 찍어 왔고요.

 그 사진은 합성입니다. 그러니까 교수님이 낙제점을 주셨지요. 거짓말에 합성까지 해서 성적을 잘 받으려 하니 교수님이 화가 나신 거죠.

 거짓말에 사진 합성까지 하고 억울하다며 슬프게 운다니 믿기힘들군요. 어느 쪽이 사실인지 좀 더 지켜봐야겠어요. 원고측 변론하세요.

지금부터 여학생들의 억울함을 풀어 주겠습니다. 북극은 우리가 생각하는 것보다 훨씬 재미나고 신기한 것들이 많습니다. 물론 바다 생물들도 특이하게 생긴 것들이 많지요. 그중 하나가 과제물에 등장한 뿔이 달린 고래입니다.

 뿔이 달린 고래가 실제로 존재한다는 거군요?

 그렇습니다. 이 뿔 달린 고래에 대해 설명해 주실 분을 증인으로 모시고 자세하게 설명 드리겠습니다. 증인은 바다 생물 연구를 20년간 하고 계시는 신기한 박사님이십니다.

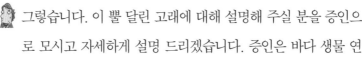 증인 요청을 허락합니다.

　머리카락은 라면처럼 뽀글거리고 빙글빙글 돌아가는 안경을 쓴 50대 중반으로 보이는 남성이 알록달록 무지개 칠을 한 망원경을 어깨에 메고 쿵쾅거리며 들어와 증인석에 앉았다.

 바다 생물 조사는 잘되고 계십니까?

 네, 지구상에는 우리가 모르는 신기한 생물들이 참 많습니다.

 북극에 뿔이 달린 고래가 있습니까?

 네, 있습니다. 이 동물은 전설에 나오는 유니콘, 즉 일각수와 비슷해서 일각돌고래라고 합니다.

 뿔이 달린 고래라니 신기한데요, 어떤 고래입니까?

거대한 뿔을 지니고 있는 일각돌고래는 긴이빨고래라고도 하는데 몸길이 4~5m, 몸무게 0.8~1.6t으로 돌고래치고는 큰 편입니다. 주로 오징어를 먹는데 때로 물고기나 게를 먹기도 합니다. 차가운 북극해에 분포하며 육지 가까운 곳의 해안에 서식하고 하천을 거슬러 올라갈 때도 있습니다.

뿔은 어떻게 만들어졌습니까?

머리의 앞에 뿔처럼 길게 뻗은 것은 실제로 뿔이라기보다는 왼쪽의 앞니 한 개가 비틀어져 자란 것입니다. 이 뿔은 길이가 2.5~2.9m나 되고 오른쪽의 앞니는 짧은데 때로는 오른쪽도 자라서 둘 다 길게 뻗은 기형도 있습니다. 이 앞니의 용도는 수컷이 암컷의 호감을 사기 위해 다른 경쟁자들을 견제하는 것이라고 알려져 있지요.

일각돌고래를 본 사람들은 굉장히 신기해 하겠군요.

돌고래 종류로서 유니콘을 연상시키는 독특한 생김새로 항상 사람들의 이목을 끕니다. 그러나 뿔을 얻기 위해 인간에게 살육을 당한 비운의 동물이기도 하지요.

인간들이 사냥을 많이 했다면 그 양이 대폭 줄었겠군요. 역시 자연 파괴의 주범은 인간이네요. 이것으로 뿔이 달린 고래는 지금도 북극해를 헤엄지고 있으며 분명히 실제 존재하는 생물이라는 것이 밝혀졌습니다. 따라서 세 여학생들의 결백도 함께 증명되었습니다. 고지식 교수님께서는 성적을 다시 재고해 주셔야겠습니다.

 설명 잘 들었습니다. 뿔이 달린 고래가 있다니 전설의 유니콘이 나타난 듯한 기분입니다. 고지식 교수님께서는 학생들의 성적을 조정해야 할 것으로 보입니다. 학생들은 희망을 가져도 좋겠군요. 이것으로 재판을 마치겠습니다.

재판이 끝난 후, 고지식 교수는 미녀 삼총사의 성적을 다시 정정해 주었다. 이후, 미녀 삼총사에게 또 다른 과제를 내주었는데 그것은 뿔이 달린 고래에 대해 더 많이 조사해 오는 것이었다. 이번 사건으로 북극에 대해 더 많은 관심을 갖게 된 미녀 삼총사는 고지식 교수의 과제를 흔쾌히 받아들였다.

 범고래

범고래는 바다의 지배자, 바다의 살인자라는 별명을 갖고 있다. 몸길이는 6m 정도로 다른 고래에 비해 작은 편이지만 두 줄로 난 이빨로 자신보다 훨씬 큰 고래도 물어 죽일 수 있는 무서운 동물이다.

남극곰도 있나요?

북극에는 북극곰, 남극에는 남극곰이 살까요?

사건속으로

어리버리한 과학자 왕무식 씨는 과학계의 문제아로 통했다. 그가 과학자가 된 것 자체가 미스터리였다. 학회에 참석하여 말도 안 되는 소리로 분란을 만드는 것이 다반사이다 보니 회원들은 그를 퇴출시킬 방법을 찾느라 골머리를 앓았다. 하지만 꼬박꼬박 행사에 참석하는 그를 따돌릴 구실을 찾기란 쉽지 않았다. 정기 모임이 있던 날 왕무식 씨는 어울리지 않는 흰 정장에 하얀 구두를 신고 왔다. 패션 감각도 제로였다.

"하하하! 안녕하십니까?"

"네에…… 오늘 복장이 아주 특이하시네요."

"신경을 좀 썼습니다. 하하하!"

그는 마치 현실의 사람이 아닌 사차원을 사는 사람 같았다. 사람들의 말이 칭찬인지 욕인지도 구별 못하고 항상 '하하하!' 웃고만 다녔다. 그런 그가 밉상이 아니었던 것은 착한 성품과 매우 긍정적인 사고 때문이었다. 그래서 그의 별명이 하나 더 있었다. '친절한 무식 씨'.

"왕박사! 이번에 남극이랑 북극 탐사 간다며?"

"네~ 내일 떠납니다. 하하하! 올 때 기념품 사 올까요?"

"아닐세, 혼자 가는 건가?"

"네, 같이 가실래요?"

"아니야, 나는 논문 준비할 게 있어서 아쉽지만 혼자 잘 다녀오게."

"그럼 교수님, 논문 끝내고 같이 갈까요?"

그의 눈치는 정말 어디에 팔아먹었는지 주변 사람들을 당황하게 했다. 학회장은 아차 싶었다. 처음부터 그에게 말한 것 자체가 화근이었다. 학회장이 당황하는 것은 당연했다. 왜냐하면 왕무식 씨는 한 번 사람을 잡으면 절대 놓지 않았기 때문이다.

"교수님!"

"어…… 근데 이번 논문은…… 십 년짜리야!"

"네? 십 년이나요?"

"응, 참 아쉽네. 어쩔 수 없지! 십 년 뒤에 같이 갑시다. 허허!"

"그럼 제가 도와 드릴까요?"

"안 돼!"

회장은 양손을 흔들며 손사래를 쳤다. 이마에는 식은땀까지 흘렀다.

"아…… 아니, 그게 아니라 아무튼 잘 다녀오게."

학회장은 황급히 자리에서 떠나 그가 보이지 않는 곳으로 도망갔다.

'학회장님이 나한테 도와 달라고 하기가 미안해서 저러시는 걸 거야. 난 괜찮은데. 하하하!'

그는 정말 특이했다. 다음 날, 남극에 가기 위해서 남극행 비행기에 올랐다. 남극은 제법 추웠다. 왕무식 씨는 덜덜 떨어 가면서 이곳저곳을 꼼꼼히 답사하였다. 신기한 생물들과 신비로운 경치를 구경하면서 사진도 찍고 정신없이 시간을 보냈다. 혼자서도 참 잘 노는 사람이었다. 짧은 시간 동안 남극을 돌아보고 금세 북극으로 넘어갔다. 북극도 춥기는 마찬가지였지만 땀을 흘릴 정도로 샅샅이 뒤지며 돌아다녔다. 어찌나 빠르게 다녔는지 남북극을 다 답사하고 한 달 반에 과학공화국으로 돌아왔다.

그는 오자마자 몇 달 동안 방에 틀어박혀 나오지 않았다. 분명 논문을 쓰는 것이었다. 그가 석 달 정도 보이지 않으면 학회에서는 불안해했다. 또 어떤 말도 안 되는 내용의 논문을 들고 와 게재

해 달라고 떼를 쓸지 모르기 때문이었다. 사실상 몇 년 동안 그가 낸 수백 편의 논문 중 단 한 편의 논문도 게재되지 못했는데, 그 이유는 그의 논문을 통과시켰다가는 과학계에서 난리가 날 만한 터무니없는 주제들이었기 때문이다. 정확히 석 달이 지나자 왕무식 씨가 정기 모임에 모습을 드러냈다.

"학회장님! 이번 논문은 정말 열심히 썼습니다."

학회장은 이 순간이 가장 두려웠다.

"그래요. 일단 여기 두고 가게."

"제발 이번 논문은 통과시켜 주십시오."

"나중에 연락을 줄 테니 이만 자리로 가 앉게."

"교수님…… 아니 존경하는 학회장님……."

학회장은 두통이 밀려 왔다. 앞으로 한 달은 끈질긴 왕무식 씨의 전화와 방문을 견뎌야 할 것이다. 순간 해외에 잠시 나갈까 하는 생각이 스치듯 지나갔다. 정기 모임이 진행되는 내내 왕무식 씨의 논문에 대한 걱정으로 누구의 말도 귀에 들어오지 않았다. 집에 돌아온 학회장은 왕무식 씨의 논문을 읽어 보았다.

남극과 북극은 똑같은 얼음 천지이므로 사는 동물의 종류는 같을 수밖에 없습니다. 그러므로 북극의 곰은 북극곰, 남극의 곰은 남극곰이라고 불러야 합니다.

논문의 요지는 이러했다.

"이런 말도 안 되는…… 으휴……."

학회장은 한숨을 깊게 내쉬고는 논문을 책상에 던져 두었다.

따르르릉-.

아니나 다를까 왕무식 씨의 전화였다.

"학회장님! 읽어 보셨습니까?"

"근데 왕 교수……."

"한 번만! 딱 한 번만 제 논문을 학회지에 올려 주십시오!"

"그건 내가 결정하는 게 아닙니다. 잘 아시면서……."

"이번 논문만 올려 주시면 다시는 이런 부탁 안 드리겠습니다. 아니 다시는 논문을 쓰지 않겠습니다."

학회장은 왕무식 씨가 좀 안쓰럽다는 생각이 들었다.

'박사로서 단 한 번도 학회지에 자신의 이름을 못 올리고 이렇게 애원하다니…….'

점점 마음이 약해지기 시작했다.

"학회장님!"

"아…… 알았어요. 이번 한 번만은 들어주겠어요. 하지만……."

"감사합니다! 감사합니다!"

학회장은 수화기를 놓으며 뒤늦은 후회를 하였다. 하지만 논문을 최대한 눈에 띄지 않게 게재하면 괜찮을 것 같았다.

'아무튼 이제 왕무식 씨한테 시달리지 않겠군.'

학회장은 편안한 마음으로 잠자리에 들었다. 한 달 정도 지나자 학회지가 나왔다. 왕무식 씨는 학회지를 뒤적였다. 자신의 논문이 나온 지면을 펼쳐 든 채 감격에 겨워 하며 눈물을 뚝뚝 흘렸다.

'드디어…… 나도…….'

자신의 논문이 실린 지면을 오려 액자에 넣었다. 그리고 거실의 정 중앙에 걸었다. 그에게는 가문의 영광이었다. 하지만 그날 저녁 왕무식 씨는 한 통의 전화를 받았다.

"왕무식 씨입니까?"

"네, 제가 바로 학회지에 논문을 실은 왕무식 박사입니다. 하하하!"

그는 묻지도 않은 자기소개를 하였다. 전화를 건 사람은 이상한 그의 행동에 멈칫하다가 다시 말을 이었다.

"안 그래도 그 논문과 관련해 드릴 말씀이 있습니다."

"무엇이든 물어보세요. 하하하!"

"저는 남극 연구가 안펭귄입니다."

"예. 안펭귄 씨! 제 논문을 읽고 감동하신 거군요. 하하하! 사인이라도 한 장해서 보내 드릴까요?"

안펭귄 씨는 제멋대로 생각하고 말하는 왕무식 씨의 행동에 어이가 없었다.

"이봐요! 왕무식 씨! 당신이 쓴 논문은 잘못되었어요! 남극에

곰이 산다고요? 그런 말도 안 되는 내용을 논문으로 쓰다니! 당신이 곰을 봤습니까?"

"뭐…… 남극이나 북극이나 얼음이 있고, 춥고…… 환경이…… 어쨌든 내 논문은 완벽합니다. 하하하!"

얼토당토않게 변명하는 왕무식 씨의 이야기를 듣고 있자니 안펭귄 씨는 더 이상 말이 통하지 않을 것 같았다.

"당신은 제대로 연구도 안 하고 논문을 썼군요! 당장 학회에 전화해서 당신의 논문을 빼라고 말하겠어요!"

"그건 안 됩니다. 제 신성한 논문은 절대 건드릴 수 없어요!"

"신성한 논문? 엉터리 논문이겠지요. 정 그렇다면 당신을 지구법정에 고소하겠어요! 그리고 검증되지 않은 잘못된 논문을 통과시킨 학회장도 가만둘 수 없어요."

"나는 하나도 안 무서워요! 하하하! 고소하세요."

다음 날, 안펭귄 씨는 왕무식 씨와 학회장을 고소하였고, 두 사람은 지구법정에 불려 갔다.

계절의 변화도 있고 풀도 자라는 북극에 비해 남극은 훨씬 춥습니다.
생물이 살기에 좋은 환경이 못되고 먹잇감도 적어서
남극에는 곰도 살지 못합니다.

남극에는 왜 곰이 살지 않을까요?
지구법정에서 알아봅시다.

 재판을 시작하겠습니다. 요즘은 남극과
북극을 비교하는 사건이 많은 것 같은데
이번 사건의 주인공은 곰이군요. 먼저 피
고측 변론을 시작하세요.

 지구상에는 많은 동물들이 있습니다. 그중에서 곰은 여러 지
역에서 볼 수 있습니다. 물론 우리나라에도 높은 산들에는 아
직도 곰이 살고 있고 눈과 얼음으로 덮여 있는 북극에도 북극
곰이 살고 있습니다. 북극의 환경도 남극과 비슷하기 때문에
분명 곰이 살고 있을 겁니다.

 확실한 증거나 자료가 있습니까?

 자료는 없습니다. 북극에는 곰이 있는데 남극에는 없으라는 법
이 있습니까? 아주 당연한 일이라 자료는 필요 없어요. 하하하!

 이것 보세요. 제대로 된 변론이라고 생각해요?

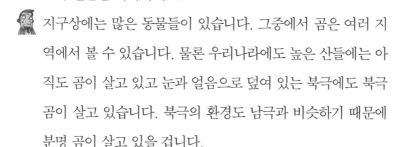 아…… 아닌가요? 에공…….

피고측 변호사 말을 더 듣다간 화만 나겠군요. 원고측의 변론
을 들어 보겠습니다.

 북극곰이 있는 건 다들 아시죠. 그럼 남극곰을 들어 보신 적

이 있으신가요? 아마 남극에서 곰을 봤다는 말을 들어보신 분은 없을 겁니다. 남극에는 곰이 없으니까요. 남극에는 왜 곰이 없으며 북극과 남극의 생물들에는 어떤 차이가 있는지 지구생물협회의 이세계 협회장님을 증인으로 모시고 자세한 설명 들어 보겠습니다.

 증인 요청을 받아들이겠습니다.

남자 주먹 세 개만 한 지구본을 한 손에 들고 정글 모자 를 쓴 40대 중반의 남자가 허리에 망원경집을 차고 어깨 에는 비둘기과의 새 한 마리를 올리고 법정으로 들어왔다.

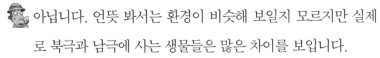

세계 각 지역을 돌아다니셔서 전 세계 생물들에 대해서 모 르는 게 없으시겠습니다. 오늘은 북극과 남극에 대한 생물 이야기를 해 주셨으면 하는데요. 북극과 남극에 사는 생물 들은 서로 비슷한가요?

아닙니다. 언뜻 봐서는 환경이 비슷해 보일지 모르지만 실제 로 북극과 남극에 사는 생물들은 많은 차이를 보입니다.

그렇습니까? 환경이 비슷해 보이는데 살고 있는 생물들은 어 째서 다르지요?

북극에는 북극여우도 있고 순록도 있습니다. 바다 속에 사는 생물까지 합하면 꽤 많은 생물들이 살지요. 하지만 남극에는

북극에 비하면 아주 적은 생물들만이 삽니다. 사실 남극은 북극보다 훨씬 춥기 때문에 곰의 식량이 될 만한 생물들이 거의 없습니다. 북극에는 그나마 계절도 있고 풀도 자라지만 남극은 눈과 얼음밖에 없는 곳이라 그것도 힘들지요. 남극은 곰이 살 만한 환경이 되지 못하기 때문에 곰이 없는 겁니다.

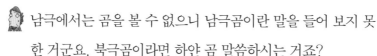 남극에서는 곰을 볼 수 없으니 남극곰이란 말을 들어 보지 못한 거군요. 북극곰이라면 하얀 곰 말씀하시는 거죠?

네, 북극곰은 하얗습니다. 검은색은 빛을 흡수하기 때문에 추운 지역에서는 검은색 털이 흰색 털보다 따뜻할 텐데 북극곰은 추운 북극에 사는데 왜 털이 하얀색인지 궁금해하시는 분이 많습니다. 보호색이라고 생각하시는 분도 계신데 곰은 자신을 보호하는 것보다 먹이를 잡는, 공격하는 쪽에 가깝기 때문에 실제 이유는 먹이를 잡을 때 들키지 않기 위한 색이라고 보입니다.

북극곰이 하얀 이유가 사냥을 위한 것이라니 생물들이 생존을 위해 어떻게 살아가는지 느낄 수 있군요. 남극은 너무 추워서 곰의 먹이가 충분히 없다고 하니 앞으로도 남극곰을 찾기는 힘들 것 같습니다. 북극과 남극이 눈과 얼음으로 덮여 있는 것은 비슷하지만 두 지역에 살고 있는 생물들은 확실히 다르다는 것을 확인했습니다. 피고의 논문은 인정할 수 없기 때문에 학회지에서 빼야 합니다.

피고에게는 정말 가슴 아픈 일이겠지만 논문 내용이 받아들여지지 않은 것이기 때문에 학회지에서 빼야겠습니다. 다음에 더 좋은 논문으로 당당하게 발표할 수 있도록 조금 더 연구하셨으면 좋겠군요. 이상으로 재판을 마치겠습니다.

또다시 자신의 논문이 받아들여지지 않자, 왕무식 씨는 좌절했다. 그러나 실패에 굴하지 않고 새로운 논문을 쓰기 위해 다시 북극행과 남극행을 감행했다.

 북극곰

북극곰은 겨울잠을 자지 않으며 암컷은 겨울에 눈구덩이에 토끼보다 작은 새끼 한두 마리를 낳는다. 북극곰의 발바닥에는 얼음에서도 재빨리 움직일 수 있는 미끄럼 방지용 털이 나 있는데 이것은 발을 따뜻하게 해 주는 보온 효과도 있다.

과학성적 끌어올리기

남극의 새들

남극에는 먹을 것이 별로 없기 때문에 우리가 흔히 보는 새들은 거의 살지 않습니다. 남극에 사는 새로는 날지 못하는 새인 펭귄과 바다제비를 들 수 있습니다.

바다제비는 새끼를 기르는 동안에는 육지로 올라와 둥지를 만들지만 그 외에는 거의 바다 위를 날아다니면서 생활합니다. 세계에서 가장 큰 바다 새인 신천옹도 남극을 찾아오는 새이고 그 외에도 눈새, 큰풀머갈매기, 점박이풀머갈매기, 도적갈매기 등이 남극을 찾아옵니다. 큰풀머갈매기는 바위틈에 둥지를 만들어 도적갈매기로부터 알이나 새끼를 지키며 큰도적갈매기는 남극의 독수리라는 별명을 가지고 있습니다.

또한 남극과 북극에 동시에 사는 새도 있는데 대표적인 새로는 극제비갈매기가 있습니다. 극제비갈매기는 남극과 북극에 집을 갖고 있으며 이 새는 6개월마다 지구를 한 바퀴씩 돕니다.

과학성적 끌어올리기

북극의 생물

북극 지방의 바다나 강에는 송어, 은어, 고래, 바다표범, 바다코끼리 등이 살고 있습니다. 일각돌고래의 수컷은 아래턱에 2~3m 되는 어금니를 갖고 있어 옛날 사람들은 이를 보고 유니콘이라고 생각했습니다.

코끼리바다표범은 다른 바다표범보다 몸집이 크고 60m 깊이까지 잠수할 수 있으며, 어금니를 이용하여 바다 속의 조개나 몸집이 작은 바다표범 등을 잡아먹고 삽니다.

에필로그

위대한 지구과학자가 되세요

'과학공화국 법정 시리즈'가 10부작으로 확대되면서 어떤 내용을 담을까를 많이 고민했습니다. 그리고 많은 초등학생들과 중고생 그리고 학부형들을 만나면서 서서히 어떤 방향으로 시리즈를 써야 할지 계획을 세웠습니다.

처음 1권에서는 과학과 관련된 생활 속의 사건에 초점을 맞추었습니다. 하지만 권수가 늘어나면서 생활 속의 사건을 초등학교와 중고등학교 교과서 내용과 연계하여, 실질적으로 아이들의 학습에 도움을 주는 것이 어떻겠냐는 권유를 받게 되었습니다. 그래서 전체적으로 주제를 설정하여 주제에 맞는 사건들을 찾아내 보았습니다. 그리고 주제에 맞춰 사건을 나열하면서 교육이 이루어질 수 있도록 하는 방향으로 집필하였지요.

그리하여 학생들에게 맞는 지구과학의 주제를 선정하였습니다.

지구법정에서는 지구, 태양계, 우주, 바다, 날씨, 화석과 공룡 등 많은 주제를 각권에서 사건으로 엮어 교과서보다 재미있게 지구과학을 배울 수 있게 하였습니다. 부족한 글 실력으로 이렇게 장편 시리즈를 끌어 오면서 독자들 못지않게 저도 많은 것을 배웠습니다. 그리고 항상 힘들었던 점은 어려운 과학적 내용을 어떻게 초등학생, 중학생의 눈높이에 맞추는가였습니다. 이 시리즈가 초등학생부터 읽을 수 있는 새로운 개념의 지구과학 책이 되기 위해 많은 노력을 기울여 봤지만 이제 독자들의 평가를 겸허하게 기다릴 차례가 된 것 같습니다.

한 가지 소원이 있다면 초등학생과 중학생들이 이 시리즈를 통해 지구과학의 개념을 정확하게 깨우쳐 미래에 훌륭한 지구과학자가 많이 배출되는 것입니다. 그런 희망은 항상 지쳤을 때마다 제게 큰 힘을 주었습니다.